# 电力企业现场作业安全防护手册

DIANLI QIYE XIANCHANG ZUOYE
ANQUAN FANGHU SHOUCE

白泽光 编著

中国电力出版社
CHINA ELECTRIC POWER PRESS

## 内 容 提 要

本书主要介绍了电力企业生产现场的作业安全防护，针对现场实际情况及每个作业环节，对作业现场进行安全风险辨识，找出作业现场存在的危险源，再针对危险源的特性和特点，正确选用和配戴好个体防护用品，布置好现场安全措施，做好作业场所的安全防护，特别是对典型作业制订特殊的安全防护措施，在保证现场作业安全环境的前提下，方准作业。本书就是基于以上思路编写的，其主要内容有：生产现场危险源辨识与防控、正确选用和配戴个体防护用品、作业场所安全防护标准、典型作业安全防护标准，同时，为做好企业安全生产标准化管理工作，还介绍了安全警示线、安全防护围栏、安全标志、厂内消防标志、厂内道路标志等标准化管理。

本书采用图文并茂形式，如临现场、生动活泼、实用性强、通俗易懂，贴近一线作业现场，为企业一线工作人员、安全生产管理人员、监理人员提供了内容丰富、系统全面、切合实际的指导手册。

本书可作为现场工作人员、安全生产管理人员、监理人员的实用指导手册，也可作为企业安全生产标准化管理的培训教材，还可作为大专院校相关专业和课程的参考资料。

**图书在版编目（CIP）数据**

电力企业现场作业安全防护手册 / 白泽光编著. —北京：中国电力出版社，2016.5（2024.8 重印）
ISBN 978-7-5123-8148-3

Ⅰ. ①电… Ⅱ. ①白… Ⅲ. ①电力工业－工业企业管理－安全生产－手册 Ⅳ. ①TM08-62

中国版本图书馆 CIP 数据核字（2015）第 187297 号

中国电力出版社出版、发行

（北京市东城区北京站西街 19 号 100005 http://www.cepp.sgcc.com.cn）

北京锦鸿盛世印刷科技有限公司印刷

各地新华书店经售

\*

2016 年 5 月第一版 2024 年 8 月北京第四次印刷

787 毫米×1092 毫米 16 开本 14.5 印张 327 千字

印数 4501—4850 册 定价 68.00 元

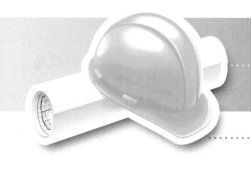

# 前　言

　　安全生产是企业生存的永恒主题，人身安全是安全管理的重点工作，防控人身安全的抓手要放在作业现场，控制和消除作业现场危险源是作业安全的保障。由于作业现场涉及的危险源种类较多，如果对其辨识不清或防控不到位，将会影响工作人员的身体健康，威胁工作人员的生命安全。随着人们对人身安全的高度重视，"以人为本、本质安全"的安全管理理念已深入人心，特别是对个体安全防护非常重视，对作业环境的安全性提出了更高的要求，对人员作业行为提出了严格的管理，编制了许多作业规程和标准，但是现场工作人员凭经验作业的现象仍然较多，现场安全隐患不能有效地控制和消除，人员违章行为不能彻底杜绝，人身伤害事故时有发生。其主要原因是对现场作业的安全风险辨识不清或防控不到位，对个体安全防护缺乏知识和意识，对布置作业场所的安全措施缺乏规范和标准，对典型作业缺乏特殊的安全防护，没有创造良好和完备的安全作业环境。多年来的实践经验证明，以风险为导向，以现场为抓手，以管理为手段，以人身安全防控为重点，才能提高工作人员自身的风险意识，才能保证现场作业的安全环境，才能防控"小河沟里翻船"，才能保证作业全过程的安全。其防控重点如下：

　　（1）安全风险辨识。工作人员接到工作任务后，首先要针对生产工艺流程及现场实际情况进行安全风险辨识，找出作业现场存在的危险源，并制定相应的控制措施，同时，将危险源及控制措施告知全体工作人员。

　　（2）个体安全防护。工作人员要针对现场危险源的特性或特点，在进入现场前，必须正确选用和配戴好个体防护用品，做好最后一道人身安全保护防线。

　　（3）安全作业环境。进入现场作业前，工作人员必须先检查布置的安全措施及现场的作业环境，核实并确认现场安全控制措施的完备性，必要时补充完善，在保证检修设备与运行设备可靠隔离，现场作业环境安全的前提下，方准开始作业。

　　（4）典型作业防护。在作业过程中，要严格执行《电业安全工作规程》及作业指导书，针对典型作业，还要制订特殊的安全防护措施，提高安全防护等级，规范工作人员的作业行为，保证作业全过程中的本质安全。

本书就是基于以上现场作业每个环节为思路编写的，主要介绍了生产现场危险源辨识与防控、正确选用和配戴个体防护用品、作业场所的安全防护、典型作业的安全防护，同时，为做好企业安全生产标准化管理工作，还介绍了安全警示线、安全防护围栏、安全标志、厂内消防标志、厂内道路标志等标准化管理内容。

本书是以现场作业的实战为主题，总结了现场作业安全防护的实际经验，结合安全生产相关理论知识、安全技能知识进行编写的。并采用了图文并茂形式，如临现场、生动活泼、实用性强、通俗易懂，贴近一线作业现场，是现场工作人员作业的实用性指导手册。

本书可作为现场工作人员、安全生产管理人员、监理人员的实用指导手册，也可作为企业安全生产标准化管理的培训教材，还可作为大专院校相关专业和课程的参考资料。

由于本人水平有限，编写仓促，书中如有不妥之处，恳请读者提出宝贵意见和建议。

# 目 录

# 第一章 绪 论

## 第一节 概 述

人类从事的每一项生产活动总会存在着包括工作人员本身、工器具、设备、劳动对象、作业对象、作业环境等方面的不同程度的危险性和不安全因素，例如，高处作业不系安全带存在着坠落的伤害危险；转动设备没有安装防护罩存在着被卷入的伤害危险；作业场所的平台防护栏杆缺损、沟（井）盖板缺损存在着高处坠落的危险等，这些不安全因素就是危险源。由于生产现场危险源的存在，将直接威胁着工作人员的作业安全，影响着工作人员的身体健康，甚至威胁着工作人员的生命安全，如果我们对危险源辨识和分析不清、控制不力，危险源就会演变成事故，造成人身伤害或财产损失。

### 一、危险源

危险源是指可能导致伤害或疾病、财产损失、工作环境破坏或这些情况组合的根源或状态。危险源由人的不安全行为、物（机）的不安全状态、作业环境不良构成，如图1-1所示。

#### 1. 人的不安全行为

人的不安全行为是指生产经营单位从业人员，在进行生产操作时的违反安全生产客观规律有可能直接导致事故的行为。例如，违章作业、违章指挥、误操作等。

人的不安全行为可分为有意的不安全行为、无意的不安全行为两种类型。其中，有意的不安全行为是指有目的、有企图、明知故犯的不安全行为，是故意的违章行为，例如，高处作业不系安全带，如图1-2所示；无意的不安全行为是指无意识、非故意、不存在需要和目的的不安全行为，例如，凭经验、凭感觉进行盲目、冒险、蛮干工作等。

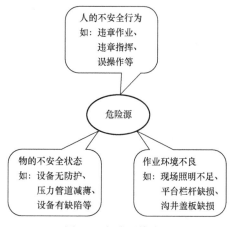

图1-1 危险源构成

图1-2 人的不安全行为（高处作业不系安全带）

2. 物（机）的不安全状态

人机系统中，把在生产过程中发挥一定作用的机械、物料、生产对象以及其他生产要素统称为物。物具有不同形式、性质的能量，从能量与人的伤害之间的联系进行定义：由于物的能量可能释放引起事故的状态，称为物的不安全状态。如果从发生事故的角度，可把物的不安全状态理解为：曾引起或可能引起事故的物的状态。例如，使用不合格工机具、转动设备没有安装防护罩等，如图1-3所示。

图1-3 物（机）的不安全状态

3. 作业环境不良

所谓作业环境，是指工作人员进行生产活动的周围环境。不论是室内作业还是室外作业，地面作业还是地下作业，工作人员总会面对着不同的作业环境，例如，生产设备、装置等泄漏出的有害气体、蒸汽和粉尘，运转设备发出的噪声，工业生产中使用的各种原料、辅助材料、成品、半成品、副产品等，其本身可能就是有毒物质或含有毒成分等，如图1-4所示。

图1-4 作业环境不良

工作人员在不良环境中进行作业，就难免要受到这些危险因素的影响，轻则降低工作效率，重则危害人体安全和健康。例如，可使机体受到局部刺激，损伤生理机能，使人体发生功能障碍，产生疾病，甚至死亡。也就是说，在这种环境中进行作业，发生急性中毒事故的可能性是很大的，或者随着时间推移，对人体将产生慢性的生理影响，以至损害工作人员身体健康，直至威胁人的生命。可见，在安全管理工作中，为保证工作人员的身体健康与安全，避免事故，必须重视作业环境中的劳动卫生与安全问题，为工作人员创造一个最佳的作业环境。

二、危险源演变成事故

危险源演变成事故一般要经历潜伏、渐进、临界和突变这四个阶段。

1. 潜伏阶段

这是指危险源已经生成却没有引起人们的注意，任其以固有的形态而存在的阶段。这是事故发生的初始阶段或萌芽状态，但还不至于很快地导致现实事故。例如：

（1）机械设备虽然存在着缺陷，但没有明显暴露出来，不易被操作者所觉察；

（2）工作人员虽然处于危险环境，但是存在侥幸心理，麻痹大意，明知作业对象存在危险源却疏于防范；

（3）危险源没有讲明，工作人员有险不知险；

（4）安全措施虽然拟定了但存在重大漏洞，应该重点防范之处却没有防范。

以上这些，都可能成为事故的根源。

2. 渐进阶段

这是指潜在的危险源逐渐扩大的过程，仍处于事故的量变时期。在这个量变时期，机械设备原有的缺陷随着频繁的工作运行和时间的推移，将会产生更为严重的缺陷。例如，原有的焊道质量差，已开焊裂缝，但未及时发现；电源线超负荷使用，如图1-5所示。违章操作也会给危险源的扩大创造外部条件，而一旦危险源扩大到一定程度，就会由量变引起质变，造成事故。

图1-5 电源线超负荷

3. 临界阶段

这是指事故即将发生但还没有发生变化的时期。这个阶段危险源的扩大已进入导致事故的边缘，是危险源引发事故的最危险阶段，就是通常所说的事故即将发生质变。因为任何事物的稳定状态只是相对的，稳定状态里包含着不稳定的因素，只不过这时的相对稳定状态处于主导地位。近代科学研究表明，事物由稳定状态向不稳定状态转变期间，存在一个逐渐接近临界点的过渡阶段。由危险源导致事故也是如此，尽管潜伏阶段、扩大阶段都是向事故的最终结局靠近，但这两个阶段仍旧处于量变状态，是量变的积累。积累到一定程度达到临界点，即将要突破安全状态的最大限度，危险源就会真正演变为事故。

预控的危险源，从危险源程度划分，有的是处于潜伏阶段的危险源，有的是处于扩大阶段的危险源，有的则是处于临界阶段的危险源。就有可能导致现实事故的危险源而言，控制临界阶段的危险源是预控事故的最后一道防线。处于这个阶段的危险源一旦被发现，必须立即处理，如果没有发现和处理，必然会导致事故的发生。例如：对带电危险区，必须保持一定的安全距离。进入安全距离与危险区的边缘就处于临界状态。突破这一临界状态，进入危险区就会造成触电伤害。

4. 突变阶段

这是指事故的形成阶段，是危险源生成、潜伏、扩大、临界的必然结果，是由量变到质变的飞跃。这个阶段，不是事物由稳定状态向不稳定状态的量变，而是发生了根本性的变化，即事物完全处于不稳定状态。在突变阶段，危险源已成为现实的无法挽回的事故，并且必然造成一定程度的危害。我们所见到的高处坠落、触电伤害、机械伤害、起重伤害等，都是危险源进入突变阶段造成的严重后果。

综上所述，一切事物的发展变化都遵循从无到有、由量变到质变的客观规律，事故也不例外。事故是由危险源逐渐生成、扩大和发展所导致的，在危险源的量变期间，如果不重视而任其产生质的变化，将会使危险源演变成风险，最终就会导致事故的发生，如图1-6所示。风险是指特定危害性事件发生的可能性与后果的结合。

图1-6 危险源演变成事故

从图1-6可以看出，危险源是诱发事故的隐患，如不进行识别和控制，先会演变成风险，就有可能演变为事故。如果对存在的危险源进行识别，采取针对性的防控措施，就会化险为夷，确保安全。可见，危险源是引发风险的原因，风险是危险源引发的结果，正是由于危险源和风险的存在，才有可能会造成事故，所以，预防事故就必须从控制处于初始阶段的危险源入手，做到及早预控，及早采取措施，消除隐患。这样，才能防微杜渐，把事故消灭在萌芽状态。由危险源演变成事故是由几个演变阶段组成。因而，控制处于潜伏阶段、渐进阶段的危险源非常重要，特别是物（机）的不安全状态、作业环境不良这两个要素，只有事先控制好这两个要素，即使出现人的不安全行为，也不会发生事故，例如，生产现场的井盖板盖好盖实，即使工作人员误踏入井盖处，人员也不会造成伤害；再如，在有毒有害场所内作业前，如果工作人员戴好防毒面具、穿好防护用品，就不会造成伤害等。我们将物的安全状态和良好的作业环境，统称为安全作业环境。安全作业环境可以从根本上消除发生事故的条件，通过时空措施可防止物（机）的不安全状态、作业环境不良与人的不安全行为进行交叉，通过人—机—环境系统的优化配置，使系统处于最安全状态。

# 第二节 生产现场危险源分类

生产现场危险源可按在事故发生、发展中的作用分为两类，按导致事故和职业危害的直接原因分为六类，按照事故类别和职业病类别分为二十类。

## 一、按在事故发生、发展中的作用分类

安全科学理论根据危险源在事故发生、发展中的作用，把危险源分为两大类，即第一类危险源和第二类危险源。

### 1. 第一类危险源

根据能量意外释放论，事故是能量或危险物质的意外释放，作用于人体的过量的能量，或干扰人体与外界能量交换的危险物质，是造成人员伤害的直接原因。于是，把系统中存在的、可能发生意外释放的能量或危险物质称作第一类危险源。

一般能量被解释为物体做功的本领，做功的本领是无形的只有在做功时才显现出来。因此，实际工作中往往把产生能量的能量源，或拥有能量的能量载体，看作第一类危险源来处理。例如，带电的导体，运输的车辆等，如图1-7所示。

（1）常见的第一类危险源：

1）产生、供给能量的装置、设备。如变电站中的各种带电设备等。

2）使人体或物体具有较高势能的装置、设备、场所。例如，起重机械、变电站架构、横梁、杆塔、二层以上室外走廊等。

3）能量载体。拥有能量的人或物。例如，机械的运动部件、带电的导体、运动中的车辆等，本身具有较大能量。

4）一旦失控可能产生巨大能量的装置、设备、场所。例如，变压器、组合电器等设备。

5）一旦失控可能发生能量蓄积或突然释放的装置、设备、场所。例如，压力容器，容易发生静电蓄积的装置、场所等。

6）危险物质。是指各种有毒、有害、可燃烧爆炸的物质等。例如，当充有$SF_6$气体的电气设备发生故障时，$SF_6$气体对人体造成的伤害。

7）生产、加工、储存危险物质的装置、设备、场所。例如，制氢站、燃油区（站）等，如图1-8所示。

图1-7　运输的车辆

图1-8　燃油区（站）

8）人体一旦与之接触将导致人体能量意外释放的物体。例如，物体的棱角、工件的毛刺、锋利的刀刃等伤及动脉，有生命危险。

（2）第一类危险源危险性。第一类危险源的危险性，主要取决于以下几方面：

1）能量或危险物质的量。

2）能量或危险物质意外释放的强度，即单位时间内的释放量。

3）能量的种类和危险物质的危险性质，如可燃性大小、毒性大小。

4）意外释放的能量或危险物质的影响范围，影响范围越大，可能遭受其作用的人或物越多，事故造成的损失越大。

2. 第二类危险源

正常情况下，生产过程中的能量或危险物质受到约束或限制，不会发生意外释放，即不会发生事故。但是，一旦这些约束或限制失效，则将发生事故，导致能量或危险物质约束、限制措施失效或破坏的各种不安全因素，称为第二类危险源。它包括人的不安全行为、物的不安全状态、作业环境的影响和管理上的缺陷四个方面的问题。

（1）人的不安全行为。不安全行为，一般指明显违反安全操作规程的行为，这种行为往往直接导致事故发生。例如，运行人员发生"误操作事故"，如图1-9所示；检修人员

图1-9　误操作事故

"误入带电间隔"、"误接线"等。人的不安全行为可能直接破坏对第一类危险源的控制，造成能量或危险物质的意外释放；也可能造成物的不安全状态，进而导致事故。

（2）物的不安全状态。物的不安全状态是指机械设备、物质等明显的不符合安全要求的状态。例如，没有防护装置的传动齿轮、裸露的带电体等。物的不安全状态可能直接使控制措施失效而发生事故。例如，电线绝缘损坏发生漏电；管路破裂使有毒有害介质泄漏等，如图1-10所示。

有时一种物的故障可能导致另一种物的故障，最终造成事故发生。例如，压力容器的泄压装置故障，使容器内部介质压力上升，最终导致容器破裂。

物的不安全因素问题有时会诱发人的因素问题；人的因素问题有时会造成物的因素问题，实际情况比较复杂。

（3）作业环境的影响。主要指系统运行的环境，包括温度、湿度、照明、粉尘、空气、噪声和振动等物理环境。不良的物理环境，会引起物的不安全状态或人的不安全行为。例如，潮湿的环境会使绝缘体的绝缘强度下降；作业场所存在着有毒有害气体，会导致人员窒息死亡。

图1-10　有毒有害介质泄漏

（4）管理上的缺陷。由于管理上存在失误，导致人的不安全行为或物的不安全状态发生。主要表现为：

1）工程设计使用的材料有问题，未达到质量要求等，造成物的不安全状态。

2）安全管理不科学，安全组织不健全，安全生产责任制不明确或贯彻不力。

3）安全工作流于形式，出了事故抓一抓，上级检查抓一抓，平常无人负责。安全措施不落实，不认真贯彻安全生产的方针。

4）对职工不进行思想教育，劳动纪律松散。

5）忽略防护措施，机器设备无防护保险装置，安全信号失灵，通风照明不符合要求，安全工具不齐备，存在的隐患没有及时消除。

6）分配工人工作缺乏适当程序，用人不当。

7）安全教育和技术培训不足或流于形式，对新工人的安全教育不落实。

8）安全规程、劳动保护法规实施不力，贯彻不彻底，没有做到横向到边，纵向到底。

9）事故应急预案不落实，对事故报告不及时，调查、处理不当，法制观念不强，执法不严等。

### 3. 危险源与事故发生的关系

一起事故的发生是两类危险源共同作用的结果。第一类危险源的存在是事故发生的前提，没有第一类危险源，就无所谓事故；另一方面，如果没有第二类危险源，也不会发生能量或危险物质的失控。第二类危险源的出现是事故发生的必要条件。

在事故的发生、发展过程中，两类危险源相互依存、相辅相成。第一类危险源决定事故后果的严重程度；第二类危险源出现的难易决定事故发生可能性的大小。两类危险源共同决定危险源的危险性。

### 二、按导致事故和职业危害的直接原因分类

按导致事故和职业危害的直接原因，共分为六类。

### 1. 物理性危险源

（1）设备、设施缺陷。是指强度不够、刚度不够、稳定性差、密封不良、应力集中、外形缺陷、外露运动件、制动器缺陷、设备设施其他缺陷。例如，脚手架、支撑架强度、刚度不够，厂内机动车辆制动不良、起吊钢丝绳磨损严重等，如图1-11所示。

图1-11 钢丝绳磨损严重

（2）防护缺陷。是指无防护、防护装置和设施缺陷、防护不当、支撑不当、防护距离不够、其他防护缺陷。例如，设备传动链条无防护罩、爆破作业安全距离不够等。

（3）电危害。是指带电部位裸露、漏电、雷电、静电、电火花、其他电危害。例如，化纤服装在易燃易爆环境中产生静电、电气设备绝缘损坏漏电等，如图1-12所示。

（4）噪声危害。是指机械性噪声、电磁性噪声、液体动力性噪声、其他噪声。例如，手电钻、空压机、通风机工作时发出噪声等。

（5）振动危害。是指机械性振动、电磁性振动、液体动力性振动、其他振动。例如，手电钻工作时的振动等。

（6）电磁辐射。是指电离辐射：X射线、γ射线、α粒子、β粒子、质子、中子、高能电子束等；非电离辐射：紫外线、激光、射频辐射、超高压电场。例如，核子密度仪、激光导向仪发出的辐射等。

（7）运动物危害。是指固体抛射物（如图1-13所示）、液体飞溅物、反弹物、岩土滑动、堆料垛滑动、气流卷动、冲击地压、其他运动危害等。

图1-12　电气设备绝缘损坏漏电

图1-13　固体抛射物

（8）明火危害。例如，照明灯具距可燃物较近，长时间照射被点燃，如图1-14所示。

（9）能造成灼伤的高温物质。是指高温气体、高温固体、高温液体、其他高温物质。例如，电焊产生的高温颗粒等，如图1-15所示。

图1-14　照明灯点燃可燃物

图1-15　电焊高温颗粒

（10）能造成冻伤的低温物质。是指低温气体、低温固体、低温液体、其他低温物质。例如，氮、氧气泄漏等。

（11）粉尘与气溶胶。是指不包括爆炸性、有毒性粉尘与气溶胶。例如，煤粉仓内的一氧化碳会导致人员中毒窒息等，如图1-16所示。

（12）作业环境不良。是指作业环境不良、安全过道缺陷、采光照明不良、有害光照、通风不良、缺氧、空气质量不良（如图1-17所示）、给排水不良、强迫体位、气温过高、气温过低、气压过高、气压过低、高温、高湿等。

（13）信号缺陷。是指无信号设施、信号选用不当、信号位置不当、信号不清等。

（14）标志缺陷。是指无标志、标志不清楚、标志不规范、标志选用不当、标志位置缺陷等。

（15）其他物理性危险因素与危害因素。

图1-16 煤粉仓内的一氧化碳导致人员中毒窒息

图1-17 空气质量不良

**2. 化学性危险源**

（1）易燃易爆性物质。是指易燃易爆性气体、易燃易爆性液体、易燃易爆性粉尘与气溶胶、其他易燃易爆性物质。例如，氢气、燃油、木材等，易燃易爆物质危害如图1-18所示。

（2）自燃性物质。例如，煤粉等。

（3）有毒物质。是指有毒气体、有毒液体、有毒固体、有毒粉尘与气溶胶、其他有毒物质。例如，$SF_6$气体、氯气等，有毒物质危害如图1-19所示。

图1-18 易燃易爆物质危害          图1-19 有毒物质危害

（4）腐蚀性物质。是指腐蚀性气体、腐蚀性液体、腐蚀性固体、其他腐蚀性物质。例如，酸碱库挥发出的气体危害如图1-20所示。

（5）其他化学性危险因素与危害因素。例如，粉刷涂料等，其危害如图1-21所示。

**3. 生物性危险源**

（1）致病微生物。是指细菌、病毒、其他致病微生物，其危害如图1-22所示。

（2）传染病媒介物。

（3）致害动物。

（4）致害植物。

（5）其他生物性危险因素与危害因素。

图1-20 酸碱挥发气体危害

图1-21 粉刷涂料危害

**4. 心理、生理性危险源**

（1）负荷超限。是指体力负荷超限、听力负荷超限、视力负荷超限、其他负荷超限。

（2）健康状况异常。

（3）从事禁忌作业。

（4）心理异常。是指情绪异常、冒险心理、过度紧张、其他心理异常。

（5）辨识功能缺陷。是指感知延迟、辨识错误、其他辨识功能缺陷。

（6）其他心理、生理性危险因素与危害因素。

**5. 行为性危险源**

（1）指挥错误。指挥失误、违章指挥、其他指挥失误。

（2）操作失误。误操作、违章作业、其他操作失误。

（3）监护失误。

（4）其他错误。

（5）其他行为性危险源。

图1-22 致病微生物危害

**6. 其他危险源**

（1）搬举重物。

（2）作业空间。

（3）工具不合适。

（4）标识不清。是指安全标志、消防标志、道路标志等。

**三、按事故类别和职业病类别分类**

按照《企业职工伤亡事故分类》（GB 6441—1986），根据导致事故的原因、致伤物和伤害方式等，将危险源共分为二十类，其中，与电力企业有关的危险源有以下十四类：

（1）物体打击。其指失控物体的惯性力造成人身伤亡事故。例如，落物、滚石、锤击、碎裂、砸伤和造成的伤害，不包括机械设备、车辆、起重机械、坍塌、爆炸引发的物体打击，如图1-23所示。

（2）车辆伤害。其指机动车辆引起的机械伤害事故。例如，机动车在行驶中的挤、压、撞车或倾覆等事故，在行驶中上下车引起的事故，以及车辆挂钩、跑车事故，如图1-24所示。

图1-23 物体打击

图1-24 车辆伤害

（3）机械伤害。其指机械设备与工具引起的绞、碾、碰、割、戳、切等伤害。例如，工具飞出伤人，切削伤人，手或身体被卷入，手或其他部位被刀具碰伤，被转动的机具缠压住等。不包括车辆、起重机械引起的，如图1-25所示。

（4）起重伤害。其指从事各种起重作业时引起的机械伤害事故。不包括触电、检修时制动失灵引起的伤害，上下驾驶室时引起的坠落，如图1-26所示。

（5）触电。其指电流流经人身，造成生理伤害的事故，包括雷击伤害，如图1-27所示。

（6）淹溺。其包括高处坠落淹溺，不包括矿井下、隧道、洞室透水淹溺，如图1-28所示。

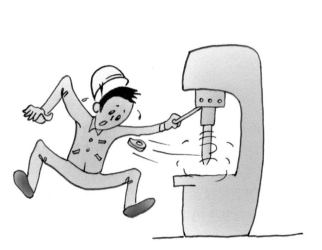

图1-25 机械伤害

图1-26 起重伤害

图1-27　雷击伤害

图1-28　高处坠落淹溺

（7）灼烫。其指火焰烧伤、高温物体烫伤、化学灼伤、物理灼伤，不包括电灼伤和火灾引起的烧伤。其中，化学灼伤是指酸、碱、盐、有机物引起的体内外灼伤；如图1-29所示。物理灼伤是指光、放射性物质引起的体内外灼伤。

（8）火灾。其指造成人员伤亡的企业火灾事故，不包括非企业原因造成的火灾，如图1-30所示。

图1-29　化学灼伤

图1-30　火灾事故

（9）高处坠落。其指在高处作业中发生坠落造成的伤亡事故，包括杆塔、构支架等高于地面的坠落，也包括由地面坠入坑、洞、沟、升降口、漏斗等情况，不包括触电坠落事故，如图1-31所示。

（10）坍塌。其指建筑物、构筑物、堆置物等倒塌以及土石塌方引起的事故。适用于因设计或施工不合理而造成的倒塌，以及土方、岩石发生的塌陷事故。例如，建筑物倒塌，挖掘沟、坑、洞时土石塌方等情况，如图1-32所示。

（11）锅炉爆炸。其指锅炉发生的物理性爆炸事故。

图1-31 高处坠落

图1-32 土石塌方

（12）容器爆炸。容器（压力容器、气瓶的简称）是指比较容易发生事故，且事故危害性较大的承受压力载荷的密闭装置。容器爆炸是指压力容器破裂引起的气体爆炸，即物理性爆炸。包括容器内盛装的可燃性液化气在容器破裂后，立即蒸发，与周围的空气形成爆炸性气体混合物，遇到火源时形成的化学爆炸，也称容器的二次爆炸，如图1-33所示。

（13）中毒和窒息。其指人体接触有毒物质，例如，呼吸有毒气体引起的人体急性中毒事故，或在废弃的坑道、横通道、暗井、地下管道等不通风的地方工作，因为氧气缺乏有时会发生突然晕倒，甚至死亡的事故称为窒息。不适用于病理变化导致的中毒和窒息事故，也不适用于慢性中毒和职业病导致的死亡，如图1-34所示。

（14）其他伤害。凡不属于上述伤害的事故均称为其他伤害。例如，扭伤、跌伤、冻伤、钉子扎伤等。

图1-33 容器爆炸

图1-34 中毒和窒息

## 第三节 生产现场危险源辨识

危险源辨识是对生产过程中的危险因素进行识别，对其风险及其可能造成的后果进行分析的工作，也是危险源得以消除和控制的基础，只有辨识分析危险源才能有目的、有针对性地选择和采取措施来控制危险源，实现安全生产。

### 一、危险源辨识的原则

（1）坚持"横向到边、纵向到底、不留死角"。

（2）做到"三个所有"，即考虑所有的人员、考虑所有的活动、考虑所有的设备设施。

### 二、危险源辨识的内容

（1）工作环境。其包括周围环境、作业场所、气象条件等。

（2）平面布局。功能分区（生产、管理、辅助生产）；高温、有害物质、噪声、辐射、易燃、易爆、危险品设施布置；建筑物、构筑物布置；风向、安全距离、卫生防护距离等。

（3）运输路线。作业场所道路以及与厂内道路的路线。

（4）工作流程。物资特性（毒性、腐蚀性、燃爆性）温度、压力、速度、生产及控制条件、事故及失控状态。

（5）机械设备。高温、低温、腐蚀、高压、振动、关键部位的运行及备用设备、控制、操作、检修和故障、失误时的紧急异常情况；机械设备的运动部件和工件、操作条件、检修作业、误运转和误操作；电气设备的断电、触电、火灾、爆炸、误运转和误操作，静电、雷电。

（6）危险性较大设备。例如，提升、起重设备等。

（7）特殊装置、设备。变电站场区带电装置、危险品库房等。

（8）有害作业部位。粉尘、毒物、噪声、振动、辐射、高温、低温等。

（9）各种设施。管理设施（办公楼等）、事故应急抢救设施（医院卫生所等）、辅助生产等。

（10）生理、心理因素和人机工程学因素等。

### 三、危险源辨识的方法

危险源辨识的方法有很多，如询问交谈、现场观察、查阅有关记录、获取外部信息、工作任务分析、安全检查表、危险可操作性研究、事件树分析、故障树分析等，每一种都有其目的性和应用范围，每一种都有各自的适用范围和局限性，所以，在危险源的辨识过程中，使用一种方法还不足以全面地识别其所存在的危险源，必须综合地运用两种或两种以上的方法。

（1）询问交谈。找有丰富工作经验的人，能直接指出其工作中的危害，可以初步分析出工作中存在的一、二类危险源。

（2）现场观察。需要有一定的安全技术知识和掌握较全面的职业健康安全法律、法规、标准。

（3）查阅有关记录。查阅曾经发生的事故（包括未遂）档案、职业病记录等。

（4）获取外部信息。查阅系统内兄弟单位的有关文献资料。

（5）工作任务分析。分析每个工作岗位中所涉及的危害，需要有较高的综合安全素质和实践经验。

（6）安全检查表。运用已编制好的安全检查表，对组织进行系统的安全检查，可辨识出存在的危险源。安全检查表必须由专业人员、管理人员和实际操作者共同编制，确保能够在专业技术、管理和操作的三个方面进行全面查找，避免遗漏，格式见表1-1。

**表 1-1**                安全检查表

| 序号 | 检查项目 | 检查内容 | 检查方法 | 检查结果 | 备注 |
|------|----------|----------|----------|----------|------|
|      |          |          |          |          |      |
|      |          |          |          |          |      |

（7）危险可操作性研究。是一种对工艺过程中的危险源实行严格审查和控制的技术。它通过指导语句和标准格式寻找工艺偏差，以辨识系统存在的危险源，并确定控制危险源风险的对策。

（8）事件树分析。是一种从初始原因事件起，分析各环节事件"成功（正常）"或"失败（失效）"的发展变化过程，并预测各种可能结果的方法，即时序逻辑分析判断方法。应用这种方法，通过对系统各环节事件的分析，可辨识出系统的危险源。

（9）故障树分析。是一种根据系统可能发生的或已经发生的事故结果，去寻找与事故发生有关的原因、条件和规律。通过这样一个过程分析，可辨识出系统中导致事故的有关危险源。

# 第四节 生产现场危险源评价

危险源评价是对生产过程中危险源危险性的综合评价。主要包括对危险源自身危险性的评价、对危险源控制措施效果的评价。在生产过程中危险源的存在是绝对的，由于受实际人力、物力、财力等诸多方面因素的限制，在生产过程中不可能完全消除或全部控制所有的危险源，只能集中有限的人力、物力、财力等资源，在危险源危险性评价的基础上，按其危险性的大小把危险源分类排队来消除或控制危险源。危险源危险性的评价为危险源控制的优先次序的确定提供依据。另一方面，对危险源控制措施效果的评价，可以为生产过程中对危险源控制人力、物力、财力等资源投入提供科学的、合理的依据。如果采取措施后危险性仍然很高时，则需要进一步研究对策或调整措施或加大投入；反之，可以适当减少投入。

## 一、危险源评价的方法

危险源评价的方法有：矩阵法、作业条件危险性评价法（LEC法）、故障类型及影响分析（FMEA）、风险概率评价法（PRA）、危险可操作性研究（HAZOP）、事件树分析（ETA）、故障树分析（FTA）、头脑风暴法等。常用的方法是矩阵法、作业条件危险性评价法（LEC法）。

### 1. 矩阵法

以危险源事件的严重性作为"行"项目，可能性等级作为"列"项目，"行"与"列"的交点即为风险指数，所有指数构成一个矩阵。其中，风险指数分为五级，即不可容许风险（5级）、重大风险（4级）、中度风险（3级）、可容许风险（2级）、可忽略风险（1级），见表1-2。

表1-2　　　　　　　　　　　　　　　　矩阵法

| 可能性 ＼ 后果 | 轻微伤害 | 伤害 | 严重伤害 |
|---|---|---|---|
| 极不可能 | 可忽略风险 | 可容许风险 | 中度风险 |
| 不可能 | 可容许风险 | 中度风险 | 重大风险 |
| 可能 | 中度风险 | 重大风险 | 不可容许风险 |

### 2. 作业条件危险性评价法（LEC法）

LEC法（定量评价法）是一种用与系统风险有关的三种因素综合评价来确定系统人员伤亡风险的方法。三种因素：即L（发生事故的可能性）、E（暴露于危险环境的频繁程度）、C（发生事故导致的后果），LEC的乘积为风险值，用D表示。

$$D=LEC$$

式中　　$D$——风险值；

　　　　$L$——发生事故的可能性大小；

　　　　$E$——暴露于危险环境的频繁程度；

　　　　$C$——发生事故产生的后果。

说明：事故发生的可能性是指存在某种情况时发生事故的可能性有多大，而不是指这种情况出现的可能性有多大。例如，车辆带病运行时，出现事故的可能性有多大（$L$值应为6或10），而不是车辆带病运行的可能性有多大（此时$L$值为3或1）。

（1）$L$、$E$、$C$分值分别按照下表确定：

1）事故发生的可能性（$L$），见表1-3。

表1-3　　　　　　　　　　　　事故发生的可能性$L$值

| 事故发生的可能性L | 数　值 | 事故发生的可能性L | 数　值 |
|---|---|---|---|
| 完全可以预料 | 10 | 很不可能 | 0.5 |
| 相当可能 | 6 | 极不可能 | 0.2 |
| 可能，但不经常 | 3 | 实际不可能 | 0.1 |
| 可能性小，完全意外 | 1 | | |

2）暴露于危险环境的频繁程度（$E$），见表1-4。

表1-4　　　　　　　　　　暴露于危险环境的频繁程度$E$值

| 频繁程度E | 数　值 | 频繁程度E | 数　值 |
|---|---|---|---|
| 连续暴露 | 10 | 每月一次暴露 | 2 |
| 每天工作时间内暴露 | 6 | 每年几次暴露 | 1 |
| 每周一次 | 3 | 非常罕见地暴露 | 0.5 |

3）发生事故产生的后果（$C$）见表1-5。

表1-5 事故后果 *C* 值

| 后果*C* | 数 值 | 后果*C* | 数 值 |
|---|---|---|---|
| 大灾难,许多人死亡 | 100 | 严重,重伤 | 7 |
| 灾难,数人死亡 | 40 | 重大,致残 | 3 |
| 非常严重,一人死亡 | 15 | 引人关注,不利于基本安全卫生要求 | 1 |

（2）危险源的评价结果。危险源的评价结果分为极其危险、高度危险、显著危险、一般危险、稍有危险5个等级，见表1-6。

表1-6 风险等级 *D* 值

| 数 值 | 风险程度*D* |
|---|---|
| ＞320 | 极其危险,不能继续作业 |
| 160～320 | 高度危险,需立即整改 |
| 70～160 | 显著危险,需要整改 |
| 20～70 | 一般危险,需要注意 |
| ＜20 | 稍有危险,可以接受 |

注 *D*＞70的危险源为重大危险源。

**二、危险源评价的注意事项**

（1）危险源危险性的评价主要有以下方法：

1）相对的危险性评价方法。该方法是评价者根据以往的经验和个人见解规定一系列打分标准，然后按危险性分数值评价危险源危险性。这种方法需要评价人具有相当经验和判断能力。因此，这种方法受评价者主观因素影响较大。

2）概率危险性评价方法。该方法是以某种伤亡事故或财产损失事故的概率为基础进行的危险源危险性评价方法。它主要是采用定量系统安全分析方法中的事件树分析、故障树分析等方法，计算事故发生的概率，与规定的安全目标相比较，评价事物的危险性。这种方法在一般日常生产中不常使用。

3）后果分析评价法。该法是一种通过详细地分析、计算意外释放的能量或危险物质造成人员伤害和财产损失，定量地评价危险源的危险性。这种方法需要的数学模型准确程度高、数据多、计算复杂，一般仅用于危险性特别大的重大危险源的危险性评价。

（2）风险评价方法不是一个单元的、确定的分析方法。

（3）选择恰当的风险评价方法时，并不存在"最佳"方法。

（4）风险评价方法并不是决定风险评价结果的唯一因素。

（5）风险评价方法的选择依赖于评价人员对评价方法的不断了解和实际评价经验。

# 第五节 生产现场危险源预控

危险源预控是在安全生产过程中采取逆向思维方式，事前有目的地从预测分析事故的致因和诱发因素入手，评价可能导致事故的潜在不安全因素危险性及其风险性，有针对性地采取安全技术对策和管理对策，对可能导致事故潜在的不安全因素（危险源）加以消除或控制，是一种行之有效预防事故、实现安全生产的途径。可见，危险源辨识是基础，危险源危险性评价是依据，危险源控制是关键。

### 一、危险源预控的手段

控制危险源主要通过工程技术手段来实现。危险源控制技术包括防止事故发生的安全技术、减少或避免事故损失的安全技术。前者在于约束、限制系统中的能量，防止发生意外的能量释放；后者在于避免或减轻意外释放的能量对人或物的作用。显然，在采取危险源控制措施时，我们应着眼于前者，做到防患于未然；另一方面也应做好充分准备，一旦发生事故时防止事故扩大或引起其他事故（二次事故），把事故造成的损失限制在尽可能小的范围内。

管理也是危险源控制的重要手段。管理的基本功能是计划、组织、指挥、协调、控制。通过一系列有计划、有组织的系统安全管理活动，控制系统中人的因素、物的因素和环境因素，以有效地控制危险源。

#### 1. 工程技术手段

工程技术手段主要有：防止事故发生的安全技术手段、避免或减少事故损失的安全技术手段。

（1）防止事故发生的安全技术手段。

1）消除危险源。在生产中消除危险源可以从根本上防止事故发生，但事实上不可能彻底消除所有的危险源，因为能量不能被消灭，人们只能有选择消除几种特定危险性较高的危险源。利用相对安全能源代替不安全的能源来消除主要危险源。例如，在容器内作业，使用手持电动工具，容易发生人身触电事故，用压缩空气作为动力的风动工具代替，消除危险性较高的危险源，可以避免人身触电事故。

2）限制能量或危险物质。主要包括：减少能量或危险物质；防止能量或危险物质的蓄积；安全释放能量。

3）隔离。防止事故发生的隔离手段有两种：一种是"分离"（指时间上或空间上的分离），防止一旦相遇可能产生或意外能量释放的物质相遇；另一种是"屏蔽"（指利用物理的"屏蔽"措施），限制约束能量或危险物质。一般来说"屏蔽"较"分离"更可靠，因而在电力生产中得以广泛应用。

4）信息屏蔽。利用各种警告信息形式设置屏蔽，阻止人员的不安全行为或避免发生行为失误，防止人员接触能量。例如，各类安全标志、消防标志、道路标志等，如图1-35所示。

（2）避免或减少事故损失的安全技术手段。

1）隔离。作为避免或减少事故损失的隔离手段，其作用在于把被保护的人或物与意外释放的能量或危险物质隔开。主要包括远离、封闭和缓冲三种形式。

a. 远离。把可能发生事故时而释放出大量能量或危险物质的设备、设施等布置在远离人群或被保护物的地方。例如，把液化气站、油库等布置在远离主要生产设施的地方等。

（a） （b） （c）

图1-35 信息屏蔽

（a）安全标志；（b）消防标志；（c）道路标志

b．封闭。利用封闭手段控制事故造成的危险局面，限制事故的影响。例如，检修现场实行标准化作业，在上部作业面的下部设置临时围栏及设置"安全通道"等，防止落物伤人事故等，如图1-36所示。

c．缓冲。缓冲吸收能量，减轻能量的破坏作用。例如，《电业安全工作规程第二部分：热力和机械》（GB 26164.1—2010）中规定"任何人进入生产现场……必须戴安全帽"，就是防止一旦落物冲击，缓冲能量对人员头部的作用，减少或避免伤害等，如图1-37所示。

图1-36 设置临时围栏 图1-37 必须戴安全帽

2）个体防护。个体防护手段也是一种隔离措施，把人体与意外释放的能量或危险物质隔离开。例如，《电业安全工作规程第二部分：热力和机械》（GB 26164.1—2010）中规定"做接触高温物体的工作时，应戴好手套和穿专用的防护工作服"等。

3）设置薄弱环节。利用事先布设好的薄弱环节使事故能量按照人们的意图释放，防止能量作用于人体或被保护物体上。例如，在电气线路上设置熔断器等。

4）避难与救援。为了满足事故发生时的应急需要，要充分考虑一旦发生事故时的人员避难和救援的措施。例如，在生产厂房或重点区域设置安全出口、安全标志、应急灯等。

在危险源控制时应特别注意的是：虽然通过实施安全技术手段可以控制原有的危险源，但危险源控制手段本身又可能带来新的危险源和危险性，因此，无论采取哪种手段控制危险源时，仍需要进行新的危险源辨识和评价工作。

### 2. 安全管理手段

在生产过程中危险源预控除了通过安全技术手段来实现外，另一个重要手段就是安全管理。所谓的安全管理就是"创造一种环境和条件，使置身于其中的人员能够有秩序地进行科学地组织协调工作，从而完成预定的使命和安全生产目标"。安全管理是生产过程中实现安全生产的基本的、重要的、常规的对策，是有效控制生产事故发生的基础要素和前提要素。危险源预控是生产安全管理的重要内容。在危险源预控工作中，安全管理又与安全技术手段相辅相成的，有效的管理是各项安全技术手段得以实现的保证。

危险源预控是一种预期型的安全管理模式。它的基本管理步骤是：提出安全生产目标→组织开展危险源辨识、分析→实施危险源风险性评价→依据危险源风险性评价，选择分类排队确定具有一定风险性的危险源，有针对性采取相应的安全技术手段，加以消除或控制→评价危险源控制手段效果→与提出的安全生产目标比较→提出改进方案→实施新一轮危险源预控→实现提出的安全生产目标。

## 二、危险源预控的方法

### 1. 消除法

这是从根本上消除危险源的首选方法，也是最彻底的方法。作业环境有相当多的危险源，例如，孔、洞、井、地沟盖板缺失或损坏，防护栏杆缺失或损坏（如图1-38所示），电缆外绝缘皮破损，压力容器泄漏等都是可以消除的，对此类风险一经发现，应立即消除。

图1-38 防护栏杆缺失或损坏

### 2. 代替法

用低风险、低故障率的装备代替高风险装备。例如，将少油断路器进行无油化改造为真空断路器或$SF_6$断路器，不仅灭弧性能提高，而且杜绝了油断路器的爆炸事故；用全自动控制系统代替手动调节系统，提高了整体的安全运行水平；用新型清洗剂代替汽油清洗轴承等零部件，可以有效防止现场使用时引发火灾事故。

### 3. 隔离法

利用各种手段对风险进行有效的隔离，是最常用的方法。例如，关闭阀门并在法兰处加上堵板，把检修的系统和运行中的系统隔离；在带电设备与检修现场之间设置安全网或安全防护围栏（见图1-39），将作业环境和运行设备隔离；机械的转动部分加装固定防护装置等。

### 4. 释放能量法

通过采取一定的技术手段，把物质能量释放出来，从而避免人身伤害事故的发生。例如，电气设备保护接地，可把漏电设备对地电压限制在安全电压下，以防人员触电，如图1-40所示。

图1-39 带电设备与检修现场设置防护围栏

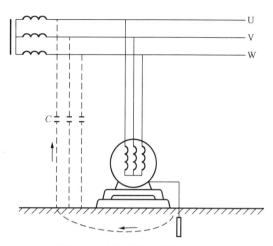

图1-40 电气设备保护接地

5. 间距法

和危险源保持一定的安全距离，是隔离法无法实施的一种有效的补充措施。例如，在转动机械周边划定安全警戒线（见图1-41），提醒工作人员警戒线以外的是安全区域；又如，《电力安全工作规程》（发电厂和变电站 电气部分）规定的设备不停电安全距离，如果工作人员等于或大于这个安全距离，就能保证安全，小于这个安全距离，就会发生危险。

图1-41 转动机械周围安全警戒线

6. 限制能量法

针对作业环境的危险源双能量设定限制标准的方法。例如：在金属容器内作业，行灯的电压不准超过12V；在厂区内机动车辆行驶不应超过5km/h；在制粉设备及其周围作业，必须检测粉尘浓度不超过标准，如图1-42所示。

7. 个体防护法

针对作业环境的危险源及条件来选用个体防护用品，是避免人身伤害的重要手段，也是贴身保护人身安全的最后手段。例如，进入生产现场应佩戴安全帽、高处作业应使用安全带（如图1-43所示）、电气作业应穿绝缘鞋等。

图1-42 检测制粉系统粉尘浓度

图1-43 高处作业应使用安全带

### 三、危险源预控的实施

危险源预控应在危险源辨识的基础上进行危险源危险性的评价，根据危险源危险性评价的结果采取危险源控制措施。但在实际的安全工作中，这三项工作并非严格地按照这个程序分阶段独立进行，而是相互交叉、相互重叠进行的，如图1-44所示。

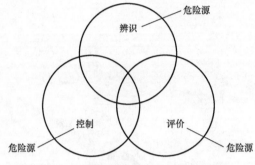

图1-44 危险源预控的三项工作关系

众所周知，生产现场中存在着大量的不安全因素，按定义都可被看作是危险源。实际上受人力、物力等因素的制约，只能把其中一部分危险性达到一定程度的不安全因素当作危险源来处理，忽略危险性较小的不安全因素。因此，在辨识危险源的过程中也需要进行危险性评价，以判别被考察的对象是否是危险源（不可忽略的、必须控制的）。

在实施危险源控制措施时，需要对控制措施的效果进行评价，通过评价选择最有效的控制措施，这种评价一般是采取控制措施实施前后危险源的风险性比较进行的；另外，在实施危险源控制措施时虽然可以有效地控制原有的危险源，但在实施危险源控制措施时本身又可能带来新的危险源，仍需要进行新的危险源辨识和评价工作。因此，危险源预控的程序界定很难使其有明显的界限，只能是相互交叉、相互重叠进行。

在生产过程中全面、全员、全方位、全过程、全天候实施危险源的预控是非常必要的。危险源预控观点不仅发展了系统安全理论，同时也揭示了安全生产的基本规律，具有普遍的指导意义，值得我们在生产过程中不断地深化和发展，更加广泛地实施和推行。

### 四、如何做好危险源预控工作

只要是客观存在的事物，人们就有能力去认识它和控制它。潜在的危险源是一种客观存在的事物，只要认真去分析和预测作业中危险源，并对危险源采取针对性的防控措施，危险源是完全可以预防和控制的。为了消除和控制危险源，创建作业环境本质安全条件，使物理环境、化学环境、空间环境和时间环境以及整个系统达到最佳的安全匹配，给工作人员创造一个安全、良好的作业环境，重点应抓好以下工作：

1. 选择风险控制时应考虑因素

（1）如果可能，完全消除危险源或风险，如用安全品取代危险品。

（2）如果不可能消除，应努力降低风险，如使用低压电器。

（3）可能情况下，使工作适合于人（人性化），如考虑人的精神和体能等因素。

（4）利用技术进步，改善控制措施。

（5）保护每个工作人员的安全措施。

（6）将技术管理与程序控制结合起来。

（7）引入安全防护装置的维护需求，达到本质安全。

（8）使用个人防护用品。

（9）应急预案的需求。

（10）预防性测量与监测工作。

#### 2. 把握危险状态与安全状态的临界点

任何事物的危险状态和安全状态都是相对的，是可以相互转换的。在一定条件下，达到一定的临界点，安全状态就会向危险状态转化。反之，通过采取防控措施，防控危险源，则危险状态就会向安全状态转化。可通过控制危险状态与安全状态之间的临界点来消除隐患，预防事故。例如，防护栏杆损坏后，可通过修复来保证防护栏杆的安全性。

#### 3. 努力满足安全状态的客观要求

事物处于安全状态是有一定条件的，只要通过努力，满足事物安全状态的要求，就能使事物处于安全状态，确保安全生产。例如，在金属容器内作业前，只要将与容器连接的所有管道的阀门关闭关严，隔断介质进入容器内，并保持良好的通风，检测容器内的有害气体浓度，就可以保证工作人员的安全作业条件。

#### 4. 制定有效的防控措施

一些作业项目，不论显现或潜在的危险源有多少，情况有多复杂。只要依据《电业安全工作规程》，结合现场实际情况，集思广益，充分发挥工作人员的聪明才智，是可以制定出切实可行、有针对性的防控措施，保证安全生产。

#### 5. 采用现代化的手段和设备来控制危险源

控制作业中的危险源，需要有相应的技术手段和设备，这是控制危险源的物质要求。目前的现代化的手段和设备完全可以控制危险源。例如，装有漏电保护器的手提式电源箱，可以有效预防作业中的触电事故；烟雾报警装置和灭火弹可以及时发现和处理电缆着火事故等。

总之，危险源预控是从控制导致事故和"物源"方面入手，正是建立在以物为中心的事故预防技术的理念上，它强调先进技术手段和物质条件在保障安全生产中的重要作用。希望通过运用现代科学技术、特别是安全科学的成就，从根本上消除能形成事故的主要条件；如果暂时达不到时，则采取两种或两种以上的安全措施，形成最佳组合的安全体系，达到最大限度的安全。同时尽可能采取完善的防护措施，增强人体对各种伤害的抵抗能力。从人机工程理论来说，伤害事故的根本原因是没有做到人—机—环境系统的本质安全化。因此，本质安全化要求对人—机—环境系统做出完善的安全设计，使系统中物的安全性能和质量达到本质安全程度。

# 第二章 个体安全防护

## 第一节 概　述

在生产现场，作业环境往往存在着各种职业危害因素，如粉尘、噪声、照明、有毒有害物质等，这些职业危害因素与人的健康息息相关的，轻者会影响人的身体健康，重者会影响人的生命安全。为防御作业环境的物理、化学、生物等有害因素伤害人体，保证工作人员的身体健康，就必须了解和掌握作业环境中存在的有害因素，分析有害因素的特点，并针对有害因素来正确选用合格的劳动防护用品，做好最后一道人身安全保护防线。

### 一、劳动防护用品

劳动防护用品是指劳动者在劳动过程中为免遭或减轻事故伤害或职业危害所配备的防护装备，通常是按人体防护部位分为以下十大类：

（1）头部防护用品。用于防御冲击、刺穿、挤压、火焰、热辐射、绞碾、擦伤等伤害头部。例如，安全帽、防护头罩、一般防护帽。

（2）眼部防护用品。用于防御电离辐射、非电离辐射、烟雾、化学物质、金属火花和飞屑、尘粒等伤害眼睛或面部和颈部。例如，防冲击眼（面）护具、防化学药剂眼（面）护具、焊接护目镜、防激光护目镜、防微波护目镜、焊接面罩等。

（3）耳部防护用品。用于避免噪声过度刺激听觉、保护听力。例如，耳塞、耳罩。

（4）鼻部防护用品。用于防御缺氧空气和防尘、毒等有害物质吸入呼吸道，由于尘、毒主要通过呼吸道进入人体造成对健康的危害，因此，呼吸防护用品使用广泛、作用巨大，根据保护方法和结构形式主要分为四种：

1）防尘口罩。采取靠佩戴者的呼吸克服部件阻力吸入，通过滤料过滤除尘的空气，防止尘粒吸入呼吸道，一般纱布口罩不能作为防尘口罩选用。

2）过滤式防毒面具。采用靠佩戴者的呼吸克服部件阻力吸入，通过滤毒罐（盒）过滤除去毒物的空气，防止毒物吸入呼吸道。

3）长管面具。采取靠佩戴者的呼吸或借助机械力吸入，通过导气管引入的作业环境以外的清洁空气，防止尘粒、毒物或缺氧空气吸入呼吸道。

4）自给式空气呼吸器。采取佩戴者自气体，防止尘粒、毒物或缺氧空气吸入呼吸道。

注意，防尘口罩、过滤式防毒面具属于过滤式呼吸道防护器材；长管面具、自给式空气呼吸器属于隔绝式呼吸道防护器材。

（5）手部防护用品。用于防御作业中物理、化学和生物等外界因素伤害手、前臂部。例如，绝缘手套、耐酸碱手套、焊工手套、防放射性手套、防振手套、防切割手套等。

（6）躯体防护用品。用于防御物理、化学和生物等外界因素伤害躯体。例如，阻燃防护服、防静电工作服、防酸工作服、焊接工作服、防水服、防放射性服、防尘服、防热服等。

（7）足部防护用品。用于防御作业中物理、化学和生物等外界因素伤害足、小腿部。例如，保护足趾安全鞋（靴）、胶面防砸安全靴、防刺穿鞋、绝缘鞋、防静电鞋、耐酸碱鞋（靴）、高温防护鞋、焊接防护鞋和防振鞋等。

（8）坠落防护用品。用于防止人体坠落伤亡。例如，安全带、安全网等。

（9）皮肤防护用品。用于防御物理、化学、生物等有害因素损伤皮肤或经皮肤引起疾病。例如，遮光型护肤剂、洁肤型护肤剂、驱避型护肤剂等。

（10）其他防护用品。例如，水上救生衣、反光警示服等。

**二、劳动防护用品的使用**

在生产现场，当技术措施尚不能消除生产和工作中的危险和有害因素时，或进行应急抢救、救灾等作业而不可能采取技术措施时，使用劳动防护用品就成为防御外来伤害、保证工作人员安全和健康的唯一手段，佩戴合格的劳动防护用品就成为保证工作人员安全和健康的关键。特别是在选用特种劳动防护用品时，必须检查、确认具有特种劳动防护用品安全标志证书、特种劳动防护用品安全标志后，方可使用。

1. 特种劳动防护用品安全标志证书

特种劳动防护用品安全标志证书是由国家安全生产监督管理总局监制，加盖特种劳动防护用品安全标志管理中心印章，如图2-1所示。

图2-1 特种劳动防护用品安全标志证书

2. 特种劳动防护用品安全标志

特种劳动防护用品安全标志是确认特种劳动防护用品安全防护性能符合国家标准、行业标准，准许生产经营单位配发和使用该劳动防护用品的凭证。国家安全生产监督管理总局对特种劳动防护用品安全标志实行统一监督管理，如图2-2所示。

××-××-×××××××

图2-2　特种劳动防护用品
安全标志

特种劳动防护用品安全标志含义：

（1）采用古代盾牌的形状，取"防护"之意。

（2）盾牌中间采用字母"LA"，表示"劳动安全"。

（3）"××-××-×××××××"是标识编号。编号采用3层数字和字母组合编排。第一层的两位数字表示标识使用授权的年份；第二层的两位数字代表获得标识使用授权的生产企业所属的省级行政地区代码（进口产品，第二层的代码则以两个英文字母缩写表示该进口产品产地的国家代码）；第三层代码的前三位数字代表产品名称代码，后三位数字代表获得标识使用授权的顺序。

（4）标志边框、盾牌及"安全防护"为绿色，"LA"及背景为白色，标志编号为黑色。

（5）标志规格分为18mm×12mm、27mm×18mm、39mm×26mm、69mm×46mm四种。

### 三、个体防护装备

个体防护装备是劳动者为防御物理、化学、生物等外界因素伤害所穿戴、配备和使用的劳动防护用品。个体防护装备是劳动者个体防护的具体措施，它是随着人类从事生产活动的发展而发展，随着现代化工业特别是新兴产业的发展而发展的，个体防护装备已成为人们预防伤亡事故和减少职业病危害必备的重要用品。特别是当技术措施尚不能消除生产中的危险和有害因素，达不到国家标准和有关规定时，或不能进行技术处理时，佩戴个体防护装备就成为防御外来伤害、保证个体的安全和健康的唯一手段，是最后的一道防线。

在选用个体防护装备时，应注意是否有生产许可证、安全标志，而对于特种防护用品则应注意是否有出厂合格证和安全鉴定证（最新规定应有LA认证）。另外，在使用过程中应重点关注其使用期限及受损情况。如有破损及超过或到达使用期限应及时更换。

## 第二节　头部安全防护

安全帽是头部防护用品。对人的头部受坠落物及其他特定因素引起的伤害起防护作用的帽子，在有异物撞击头部时能起到有效的缓冲和保护作用。安全帽由帽壳、帽衬和下颌带组成。其中，帽壳包括帽舌、帽檐；帽衬包括帽箍及吸汗带、衬带、调节器、缓冲垫，如图2-3所示。

衬带　　　　　　　　　　　帽箍及吸汗带

调节器　　　　　　　　　　下颌带

安全防护标识　　　　　　　帽舌

帽檐　　　　　　　　　　　缓冲垫

图2-3　安全帽

## 一、基本要求

（1）帽衬必须与帽壳连接良好，同时帽衬与帽壳不能紧贴，应有一定间隙，间隙一般为4～5cm。

（2）帽箍对应前额的区域应有吸汗性织物或增加吸汗带，吸汗带宽度大于或等于帽箍的宽度。

（3）系带应采用软质纺织物，宽度不小于10mm的带或直径不小于5mm的绳。

（4）不得使用有毒、有害或引起皮肤过敏等人体伤害的材料。

（5）材料耐老化性能应不低于产品标识明示的日期。

（6）安全帽使用期限。应注意在有效期内使用安全帽，植物枝条编织的安全帽有效期为2年，塑料安全帽的有效期限为2.5年，玻璃钢（包括维纶钢）和胶质安全帽的有效期限为3.5年，超过有效期的安全帽应报废。

## 二、基本技术性能

安全帽应按照国标GB/T 2812—2006《安全帽测试方式》规定的技术性能进行检测，且满足以下安全要求（见图2-4）：

（1）冲击吸收性能。经高温、低温、浸水、紫外线照射预处理后做冲击测试，传递到头模上的力不超过4900N（相当于500kg），帽壳不得有碎片脱落。

（2）耐穿刺性能。经高温、低温、浸水、紫外线照射预处理后做穿刺测试，钢锥不得接触头模表面，帽壳不得有碎片脱落。

（3）下颌带的强度。下颌带发生破坏时的力值应介于　　　图2-4　安全帽压力/穿刺试验设备
150N～250N（15～25kg）之间。

## 三、正确佩戴安全帽

（1）检查安全帽的外壳是否破损（如有破损禁止使用），有无合格帽衬，帽带是否完好。

图2-5 严禁用安全帽当坐凳使用

（2）调整好帽衬顶端与帽壳内顶的间距（4～5cm），调整好帽箍。

（3）安全帽必须戴正，如果戴歪了，一旦受到打击，就起不到减轻头部冲击的作用。

（4）必须系紧下颌带，戴好安全帽，如果不系紧下颌带，一旦发生构件坠落打击事故，安全帽就容易掉下来，导致严重后果。

（5）使用安全帽时，严禁在安全帽上打孔或当坐凳使用，如图2-5所示。

四、安全帽的配置规范（见表2-1）

表 2-1 安全帽的配置规范

| 佩戴人员 | 图　　示 | 标　准　色 |
| --- | --- | --- |
| 管理人员 |  | 红色，标准色MY100 |
| 运行人员 |  | 橘黄色，标准色M30Y100 |
| 检修人员 |  | 蓝色，标准色C100 |
| 外来参观人员 |  | 白色 |

# 第三节　眼部安全防护

眼睛是人体最脆弱的器官，经不得一点损伤，如果使用不当就可能造成终生的遗憾，这就要求我们更加注重对眼睛的保护。眼部护具就是用以保护眼面部，防止物理、化学等外来有害因素伤害眼睑的护具。常用的眼部护具有防护眼镜、焊接护具等。

### 一、防护眼镜

防护眼镜是为防止物质的颗粒碎屑、火花热流、耀眼的光线和烟雾等对眼镜伤害的护具。常用的防护眼镜有防打击护目镜、防强光射线护目镜等。

1. 防打击护目镜

防打击护目镜是硬质玻璃片、树脂护目镜。防止金属碎片、沙尘、石屑飞溅对眼部造成伤害。用于金属切削作业，混凝土凿毛作业，手提砂轮机作业等，如图2-6所示。

（a）                （b）

图2-6 防打击护目镜

（a）硬质玻璃片护目镜；（b）树脂护目镜

2. 防强光射线护目镜

在镜片中加入金属铅制成铅质玻璃，主要防止X射线对眼部的伤害。它是根据镜片偏光角度与弧度依据精密光学原理设计，只允许偏振方向一致的光通过的偏光眼镜，而其他强光源因为反射后偏振方向改变而被过滤，从而消除外来光线干扰，避免花眼、眩目、刺眼等现象，使视线变得清晰柔顺，如图2-7所示。

图2-7 防强光射线护目镜

3. 使用时的注意事项

（1）根据工作需要正确选择护目镜，宽窄和大小要适合脸形。

（2）当镜片磨损粗或镜架损坏时，严禁使用。

（3）要专人使用，防止传染眼病。

（4）要注意防止重摔重压，防止坚硬的物体摩擦镜片。

### 二、焊接护具

焊接护具是为防止焊割作业中对人眼伤害的护具。常用的焊接护具有焊接护目镜、焊接面罩等。

1. 焊接护目镜

焊接护目镜是由镜架、滤光片和保护片组成。用于预防非电离辐射、金属火花和烟火等的危害。焊接护目镜分为普通眼镜、前挂镜和防侧光镜三种，如图2-8所示。

（a）　　　　　　　　（b）　　　　　　　　（c）

图2-8　焊接护目镜

（a）普通眼镜；（b）前挂镜；（c）防侧光镜

## 2. 焊接面罩

焊接面罩由观察窗、滤光片、保护片和面罩等组成。焊接面罩分为手持面罩、头带式面罩、安全帽面罩和安全帽前挂眼镜面罩四种，如图2-9所示。

（a）　　　　　　（b）　　　　　　（c）　　　　　　（d）

图2-9　焊接面罩

（a）手持面罩；（b）头带式面罩；（c）安全帽面罩；（d）安全帽前挂眼镜面罩

## 3. 使用时的注意事项

（1）镜架必须具有耐热性、耐燃性，不能因镜框受热膨胀使镜片脱落。

（2）护目镜的金属部件具有防腐蚀性。接触皮肤的部件不能对皮肤产生过敏性刺激反应。

（3）使用遮光片号较大的滤光片时，可用2片遮光号较小的滤光片来组合使用。

图2-10　洗眼器

（4）观察窗、滤光片、保护片和尺寸要吻合，要有很好的固定装置，不能从缝隙中漏入辐射光。

（5）铆钉及其他部件要牢固，没有松动和脱落现象。金属部件不与人体面部接触。

（6）前挂眼镜上、下掀动要方便。

（7）焊接作业累计每8h最少更换一次新的保护片，以保护操作者的视力。

## 三、洗眼器（见图2-10）

当工作人员的眼睛接触有毒有害以及具有其他腐蚀性化学物质时，需要使用洗眼器进行冲洗。其具体使用方法如下：

（1）取下防尘罩，用手轻推洗眼手柄（或者采用脚踏阀），洗眼水会自动喷出。

（2）洗眼水主要对受伤者的面部、眼部、脖子或者手臂等部位进行大水流量的冲洗。

（3）洗眼冲洗时间不得少于15min。

# 第四节　鼻部安全防护

鼻部护具是用以防御尘、毒等有害物质吸入呼吸器官造成人体伤害的护具。常用的鼻部护具有防尘口罩、防毒面具、正压式空气呼吸器等。

## 一、防尘口罩

防尘口罩是防止或减少空气中粉尘进入人体呼吸器官的护具。在有粉尘环境下工作时必须佩戴防尘口罩。常用的防尘口罩有纱布防尘口罩、过滤式防尘口罩，如图2-11所示。其使用过滤式防尘口罩的方法如下：

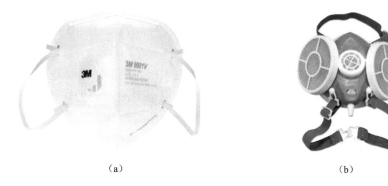

（a）　　　　　　　　　　　　　　　　（b）

图2-11　防尘口罩

（a）纱布防尘口罩；（b）过滤式防尘口罩

（1）先将头带每隔2～4cm处拉松。

（2）将口罩放置掌中，将鼻位金属条朝指尖方向，让头带自然垂下。

（3）戴上口罩，鼻位金属条部分向上，紧贴面部。

（4）将口罩上端头带放于头后，然后下端头带拉过头部，置于颈后，调校至舒适位置。

（5）将双手指尖沿着鼻梁金属条，由中间至两边，慢慢向内按压，直至紧贴鼻梁。

（6）双手尽量遮盖口罩并进行正压及负压测试。正压测试：双手遮着口罩，大力呼气，如空气从口罩边缘溢出即佩戴不当，需再次调校头带及鼻梁金属条。负压测试：双手遮着口罩，大力吸气，口罩中央会陷下，如有空气从口罩边缘进入，即佩戴不当，需再次调校头带鼻梁金属条。

（7）防尘口罩不能用于缺氧环境（在氧气浓度低于18%时）和有毒环境。

## 二、防毒面具

防毒面具是对毒气而保护个人呼吸道的一种防护器材，如图2-12所示。防毒面具按防护原理分为过滤式防毒面具、隔绝式防毒面具。其中，过滤式防毒面具是由面罩和滤毒罐

（或过滤元件）组成；隔绝式防毒面具是由面具本身提供氧气，它分为储气式、储氧式和化学生氧式三种。

当作业场所空气中氧含量大于19%，且有害气体浓度没有超标的情况下可以使用防毒面罩，否则必须使用隔绝式空气呼吸器。其使用方法如下：

（1）使用前必须弄清作业环境中的毒物性质、浓度和空气中的氧含量。当毒气浓度大于规定使用范围，或者空气中氧含量低于18%时，则不能使用自吸过滤式防毒面具（或防毒口罩）。

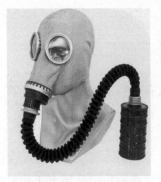

图2-12　防毒面具

（2）使用前应检查面具，选择合适面具并正确佩戴，佩戴的面具应保持良好的气密状态。

（3）气密性检查方法：使用者戴好面具后，用手堵住进气口，同时用力吸气，若感到闭塞不透气时，说明面具是基本气密的。

（4）正确佩戴：选择合适的规格，使罩体边缘与脸部贴紧，使用时必须记住，事先拔去滤毒罐底部进气孔的胶塞，否则易发生窒息事故。

（5）检查导气管有无堵塞或破损，金属部件有无生锈、变形，橡胶是否老化等。

（6）轻劳力、低污染物浓度的作业环境，可选用小型滤毒罐的防毒面具；劳动强度大、毒物浓度又较高的作业环境，宜选用大型滤毒罐的防毒面具。

（7）在使用过程中，必须记录滤毒罐使用的时间、毒物性质、浓度等。若记录卡上累计使用时间达到滤毒罐规定的时间，应立即停止使用。

（8）防毒面具必须专人保管，使用后及时消毒。

三、正压式空气呼吸器

当作业场所空气中氧含量小于19%，有毒气体浓度超标时，需选用正压式空气呼吸器，如图2-13所示。其使用方法如下：

图2-13　正压式空气呼吸器

（1）使用前先进行压力测试：打开气瓶阀，沿逆时针方向旋开气瓶手轮（至少2圈），同时观察压力表读数，气瓶压力应不小于28MPa，否则应换上充满压缩空气的气瓶。

（2）压力表应固定在空气呼吸器的肩带处，随时可以观察压力表值来判断气瓶内的剩余空气。

（3）要确认口罩上已装了吸气阀。

（4）检查面罩密封：用手掌心捂住面罩接口处，通过吸气直到产生负压，检验面罩与脸部密封是否良好。

注意：面罩的密封圈与皮肤紧密贴合是面罩密封的保证，必须保证橡胶密封面与皮肤之间无头发或胡须等。

（5）当气瓶内消耗空气压力至5.5MPa±0.5MPa时，报警器会发出报警声，以提醒使用者气瓶内最多还有16%的空气。一旦听到报警声，应准备结束在危险区工作，并尽快离开危险区，如图2-14所示。

图2-14 正确使用正压呼吸器

## 第五节 耳部安全防护

听觉的损失往往是慢性的，这就要求我们平时多注意使用听觉器官防护用品（称为护听器），它能够防止过量的声能侵入外耳道，使人耳避免噪声的过度刺激，减少听力损伤，预防噪声对耳部引起的不良影响。护听器分为耳塞、耳罩，用以保护人耳，减少噪声对听觉及人体危害的护具。特别是对于长期在90dB（A）以上或短时在115dB（A）以上环境中工作时，必须使用护听器。

### 一、耳塞

耳塞是插入外耳道内，或置于外耳道口处的护听器。它分为有可塑式和非可塑式两种。可塑式耳塞用浸蜡棉纱、防声玻璃棉、橡皮泥等材料制成；非可塑性耳塞又称"通用型耳塞"，用塑料、橡胶等材料制成，如图2-15所示。适用于暴露在强噪声环境中工作人员的听力受到损伤，其使用方法如下：

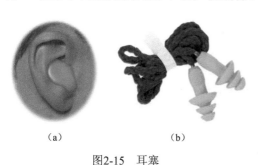

（a）　　　　　（b）

图2-15 耳塞

（a）可塑式耳塞；（b）非可塑性耳塞

（1）取出耳塞，用食指和大拇指将其搓细（越细越好）。

（2）把耳朵向上向外提起，将搓细的耳塞塞入耳朵中。

（3）用手扶住耳塞直至耳塞在耳中完全膨胀定型（大约要持续30s）。

（4）佩戴泡沫耳塞时，应将圆柱体搓成锥体后，塞入耳道，让塞体自行回弹，充满耳道。

（5）佩戴硅橡胶自行成型耳塞时，应分清左右，放入耳道时，要将耳塞转动，放正位置。

（6）戴后感到隔声不良时，可将耳塞稍微缓慢转动，调整到效果最佳位置为止。

（7）在进入噪声场所前应戴好耳塞，在噪声区不得随意摘下，以免伤害耳膜。如确需摘下，应在休息时或离开后，到安静处取出耳塞。

## 二、耳罩

耳罩是由围住耳廓四周而紧贴在头部罩住耳道的壳体所组成的一组护听器。形状像耳机，用隔声的罩子将外耳罩住，耳罩之间用头带或颈带固定，有些耳罩设计可直接插在安全帽两侧的耳罩孔内固定（称防噪声头盔），如图2-16所示。适用于暴露在强噪声环境中的工作人员，保护听觉、避免噪声过度刺激，不适宜戴耳塞时使用。其使用方法如下：

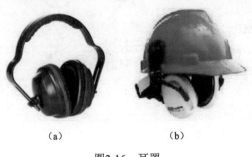

（a）　　　　　（b）

图2-16　耳罩

（a）防噪声耳罩；（b）防噪声头盔

（1）使用耳罩时，应先检查罩壳有无裂纹和漏气现象，佩戴时应注意罩壳的方向，顺着耳廓的形状戴好。

（2）将连接弓架放在头顶适当位置，尽量使耳罩软垫圈与周围皮肤相互密合。

（3）在进入噪声场所前戴好耳罩，在噪声区不得随意摘下，以免伤害耳膜。如确需摘下，应在休息时或离开后，到安静处摘下耳罩。

# 第六节　躯体安全防护

防护服是用来保护工作人员身体的服装，可免受劳动环境中的物理、化学因素的伤害。常见的防护服有普通工作服、防尘服、防水服、化学品防护服、防静电服、焊接防护服、白帆布类隔热服、镀反射膜类隔热服、热防护服、防放射性服、防酸（碱）服、防油服、绝缘服、带电作业屏蔽服、防电弧服、阻燃防护服、救生衣（圈）等。不同的防护服有不同用途，工作人员可根据作业场所、环境条件来选用防护服，常见防护服的防护性能见表2-2。

表 2-2　　　　　　　　　　常见防护服的防护性能

| 序号 | 名　称 | 图　示 | 防　护　性　能 |
|---|---|---|---|
| 1 | 普通工作服 | | 以织物为面料，采用缝制工艺制作；起一般性防护作用 |

续表

| 序号 | 名　　称 | 图　　示 | 防　护　性　能 |
|------|----------|----------|----------------|
| 2 | 防尘服 | | 采用透气（湿）性织物或材料制成的。防止一般性粉尘对皮肤的伤害，能防止静电积聚 |
| 3 | 防水服 | | 采用防水橡胶涂覆织物的面料制成。防御水透过和漏入 |
| 4 | 化学品防护服 | | 经济型采用聚丙烯加高密度聚乙烯（HDPE）覆膜构成聚合面料；实用型采用陶氏化学的特种面料与高强度纺黏无纺布覆合构成的面料；优越型采用聚丙烯加多层材质合成的特有防护膜覆合构成的面料。<br>防止危险化学品的飞溅和与人体接触对人体造成的危害 |
| 5 | 防静电服 | | 采用不锈钢纤维、亚导电纤维、防静电合成纤维与涤棉混纺或混织布，能自动电晕放电或泄漏放电，可消除衣服及人体带电。布料电荷密度≤5μC。能及时消除本身静电积聚危害，适用于可能引发电击、火灾及爆炸危险场所 |

| 序号 | 名　称 | 图　示 | 防　护　性　能 |
|---|---|---|---|
| 6 | 焊接防护服 | | 以织物、皮革或通过贴膜和喷涂铝等物质制成的织物面料，采用缝制工艺制作。适用于焊接作业，防止工作人员遭受熔融金属飞溅及其热伤害 |
| 7 | 白帆布类隔热服 | | 采用白帆布制成的隔热服。防止一般性热辐射伤害 |
| 8 | 镀反射膜类隔热服 | | 采用透明薄膜为原料，经过特殊的镀膜工艺，增加薄膜材料光学表面的反射率的一种特殊薄膜材料。反射膜分为金属反射膜、全电介质反射膜、金属电介质反射膜。防止高热物质接触或强烈热辐射伤害 |
| 9 | 热防护服 | | 热防护服的织物分为热辐射防护织物、热绝缘织物、阻燃织物和耐熔融抗金属溅射织物等。适用于防御高温、高热、高湿度场所的工作人员 |

续表

| 序号 | 名　称 | 图　示 | 防　护　性　能 |
|---|---|---|---|
| 10 | 防放射性服 | | 采用防火PVC材料制成，能有效防护放射性粉尘、放射性气溶胶等放射性污染物的危害。适用于防止放射性污染场所的工作人员 |
| 11 | 防酸（碱）服 | | 采用耐酸织物或橡胶、塑料等材料制成。适用于从事与酸接触场所的工作人员 |
| 12 | 防油服 | | 采用PVC复合材料制成。100%排水性，不渗水及水溶液，防弱酸碱，耐用易清洗。适用于防御油污污染场所的工作人员 |
| 13 | 绝缘服 | | 采用锦纶涂覆织物材料，绝缘性能可防7000V以下高电压。该服装耐高压，阻燃，防酸、碱性能亦佳，适用于带电作业时的身体防护 |

续表

| 序号 | 名　称 | 图　示 | 防护性能 |
|---|---|---|---|
| 14 | 带电作业屏蔽服 | | 采用金属材料制成的，如果人体是悬空的，肯定是与人等电位，如果是与大地接触，屏蔽服金属电阻比人小，有了金属电就不从人身体上走了，直接流入大地。<br>　　当在10～500kV电气设备上进行带电作业时，防护人体免受高压电场及电磁波的影响 |
| 15 | 防电弧服 | | 采用芳纶纤维与FR-VISCOSE混纺面料制成的，所用原料均为永久阻燃材料。<br>　　防电弧服具有阻燃、隔热、抗静电的功能，不会因为水洗导致失效或变质。防电弧服一旦接触到电弧火焰或炙热时，内部的高强低延伸防弹纤维会自动迅速膨胀，从而使面料变厚且密度变高，形成对人体保护性的屏障 |
| 16 | 阻燃防护服 | | 采用全棉阻燃面料、CVC阻燃面料、C/N棉锦面料、晴棉阻燃面料、芳纶阻燃面料或芳纶3A阻燃面料制成的。<br>　　适用于从事有明火、散发火花、在熔融金属附近操作，有辐射热、对流热的场合和在有易燃物质并有着火危险的场所穿用，在接触火焰及炽热物体后，一定时间内能阻止本身被点燃、有焰燃烧和阻燃 |
| 17 | 救生衣 | | 表面选用红色或黄色不吸水的布料，内胆用泡沫塑料制成的。防止落水沉溺，便于救助 |

# 第七节　手 部 安 全 防 护

手是人体最主要的劳动器官之一，在生产过程中，比起其他器官来更容易受到伤害，所以一定要保护好双手。防护手套就是用以保护手部、防有害物质和能量伤害手部的护具。常见的防护手套有：棉纱手套、帆布手套、耐磨手套、防高温手套、防化学品手套、防静电手套、焊接手套、防放射性手套、耐酸碱手套、耐油手套、防振手套、防机械伤害手套、绝缘手套、消防手套等，不同的手套有不同的用途，要根据自己的需要选用正确的手套，常见防护手套的防护性能见表2-3。

表 2-3　　　　　　　　　　　常见防护手套的防护性能

| 序号 | 名　称 | 图　示 | 防 护 性 能 |
|---|---|---|---|
| 1 | 棉纱手套 | | 手套的材料是棉纱，棉纱通常是用棉花纺织成的一种布料原料。适用于手部皮肤不受伤害的防护及工作手套 |
| 2 | 帆布手套 | | 手套的材料是帆布。适用于机械加工、电焊工、机修工及建筑工等 |
| 3 | 耐磨手套 | | 通常由高品质的皮革或织物涂层制成。每个涂层（如丁腈橡胶、天然橡胶、氯丁橡胶、聚氨酯、聚氯乙烯等）不同，其应用场合就不同，防护效果也不同，并且应根据防护需求选择 |
| 4 | 高温手套 | | 采用特殊陶瓷纤维、多层特殊耐高温结构，隔热而且吸汗，可长时间高温工作 |
| 5 | 化学品手套 | | 手套主要为胶材料制成，包括乳胶、丁腈、氯丁、聚氯乙烯。具有防毒性能，防御有毒物质伤害手部 |

| 序号 | 名　称 | 图　示 | 防　护　性　能 |
|---|---|---|---|
| 6 | 静电手套 | | 采用特种防静电涤纶布制作，基材由涤纶和导电纤维组成。防止静电积聚引起的伤害。适用于需用手套操作的防静电环境，例如，电子、仪表等行业 |
| 7 | 焊接手套 | | 手套要有足够的长度，手腕部不能裸露在外边。防御焊接作业的火花、熔融金属、高温金属、高温辐射对手部的伤害 |
| 8 | 放射性手套 | | 由铅胶材料层和内衬层制成。具有防放射性能，防御手部免受放射性伤害。适用于非渗透材料放射性污染的作业 |
| 9 | 耐酸碱手套 | | 采用天然乳胶材料。适用于接触低浓度酸碱溶液、一般化学药品、印染液、有毒化工原料、污染物和一般工业操作时戴用，防止职业性皮肤病 |
| 10 | 耐油手套 | | 采用特种防静电涤纶布制作，基材由涤纶和导电纤维组成。适用于各类油脂作业和一般化学品作业对手部具有良好防护作用 |
| 11 | 防振手套 | | 以纱手套和革制手套为基础，在手套掌部加一定厚度的泡沫塑料、乳胶以及空气夹层合成橡胶或泡沫橡片来吸收振动。具有衰减振动性能，保护手部免受振动伤害。适用于手传振动作业 |

| 序号 | 名　称 | 图　示 | 防护性能 |
|---|---|---|---|
| 12 | 机械伤害手套 | | 采用特定的技术，将防切割丝线（如芳纶纤维Kevlar等）、高性能聚乙烯丝线，以及含金属纤维的丝线等制成手套，以提高防切割手套的性能。<br>适用于所有类型机械危害的作业。保护手部免受磨损、切割、刺穿等机械伤害 |
| 13 | 绝缘手套 | | 采用塑料塑胶乳胶等材质做成。使工作人员的手部与带电物体绝缘，免受电流伤害。适用于从事电气设备的作业 |
| 14 | 消防手套 | | 采用特种芳纶材质制作。具有耐高温、高压绝缘特性。适用于抢险救援、消防急救 |

## 第八节　足部安全防护

防护鞋是用以保护足部，防止各种有害物质和能量伤害足部的用具。常用的防护鞋有：防水胶靴、防寒鞋、防静电鞋、防化学品鞋（靴）、耐油鞋、防振鞋、防砸鞋（靴）、防滑鞋、防刺穿鞋、绝缘鞋、耐酸碱鞋、焊接防护鞋、消防鞋等，不同的防护鞋有不同的用途，应根据作业环境实际情况正确选用防护鞋，常见防护鞋的防护性能见表2-4。

表 2-4　　　　　　　　　常见防护鞋的防护性能

| 序号 | 名　称 | 图　示 | 防护性能 |
|---|---|---|---|
| 1 | 防水胶靴 | | 采用橡胶作为靴里的一种胶靴。具有防水、防滑和耐磨性能。适用于在环境温度较低的水中使用 |
| 2 | 防寒鞋 | | 防寒鞋由一般保护层、保暖蓄热层和有效阻隔层等制成。其中，一般保护层由薄型或超薄型无纺布组成，保暖蓄热层由高蓬松材料或高保暖材料组成，有效阻隔层由高弹性、抗压缩材料组成。防止脚部冻伤 |

续表

| 序号 | 名 称 | 图 示 | 防 护 性 能 |
|---|---|---|---|
| 3 | 防静电鞋 | | 鞋底采用静电材料，能及时消除人体静电积累。适用于为防止因人体带有静电而可能引起燃烧、爆炸等一切存在静电危害的场所（如燃油、氢气、煤粉等场所） |
| 4 | 防化学品鞋（靴） | | 在有酸、碱及相关化学品作业中穿用，用各种材料或者复合型材料制成，保护脚和腿防止化学飞溅所带来的伤害 |
| 5 | 耐油鞋 | | 采用以高分子材料、棉布为基材加工而成。防止油污污染，适合脚部接触油类的工作人员 |
| 6 | 防振鞋 | | 采用由皮革、人造皮革、纺织材料以及减振材料（减振值4～7dB）等合制而成。用于衰减振动，防御振动伤害 |
| 7 | 防砸鞋（靴） | | 鞋的前包头有抗冲击材料，保护足趾免受冲击或挤压伤害。主要功能是防坠落物砸伤脚部 |
| 8 | 防滑鞋 | | 通常选用牛筋鞋底、橡胶鞋底制成。防止滑倒，适用于在油渍、钢板、冰上等湿滑地面上行走 |
| 9 | 防刺穿鞋 | | 在鞋底上方置于钢片，适用于足底保护，防止锐气和利物刺穿鞋底 |

续表

| 序号 | 名　称 | 图　示 | 防护性能 |
|------|--------|--------|----------|
| 10 | 绝缘鞋 | | 采用绝缘材料制成的鞋。耐实验电压15kV以下的电绝缘皮鞋和布面电绝缘鞋，应用在工频（50～60Hz）1000V以下的作业环境中；15kV以上的电绝缘胶鞋，适用于工频1000V以上作业环境中 |
| 11 | 耐酸碱鞋 | | 采用防水革、塑料、橡胶等为鞋的材料，配以耐酸碱鞋底经模压、硫化或注压成型。适用于脚部接触酸碱或酸碱溶液溅在足部时，保护足部不受伤害 |
| 12 | 焊接防护鞋 | | 防御焊接作业的火花、熔融金属、高温金属、高温辐射对足部的伤害。主要适用于气割、气焊、电焊及其他焊接作业 |
| 13 | 消防鞋 | | 防御高温、熔融金属火花和明火等伤害。适用于扑救火灾和抢险过程中，保护脚部和小腿部安全 |

# 第九节　坠落安全防护

坠落安全防护是保护高处作业者不受到高处坠落威胁或在发生坠落后保护高处作业者不受到进一步的伤害。常用的坠落防护用具有：安全带（含速差式自控器与缓冲器）、安全网、防坠器等。

## 一、安全带

安全带是由织带、绳索和金属配件等组成。用于高处作业、攀登及悬吊作业，保护对象为体重及负重之和最大为100kg的使用者。可减小从高处坠落时产生的冲击力、防止坠落者与地面或其他障碍物碰撞、有效控制整个坠落距离，如图2-17所示。

1. 安全带的性能参数

（1）安全带和绳必须用锦纶、维纶、蚕丝料。

（2）包裹绳子的套用皮革、轻革、维纶或橡胶。

（3）腰带必须是一整根，其宽度为40～50mm，长度为1300～1600mm。

（4）护腰带宽度不小于80mm，长度为600～700mm。带子接触腰部分垫有柔软材料，外层用织带或轻革包好，边缘圆滑无角。

（5）安全绳直径不小于13mm。

（6）金属钩必须有保险装置。

（7）金属配件表面光洁，不得有麻点、裂纹；边缘呈圆弧形；表面必需能防锈。

（8）金属配件圆环、半圆环、三角环、8字环、晶字环、三道联，不许焊接，边缘成圆弧形。调节环只允许对接焊。

图2-17 安全带

2. 安全带的选择

（1）检查"三证"。是指生产许可证、产品合格证、安全鉴定证。

（2）检查特种劳动防护用品标志标识。主要指安全标志证书、安全标志标识。

（3）检查产品的外观、做工。

（4）细节检查。主要包括：检查金属配件上是否有制造厂的代号；安全带的带体上是否有永久字样的商标，合格证和检验证明；合格证是否注明产品名称、生产年月、拉力试验、冲击试验、制造厂名、检验员姓名等情况。

3. 安全带的使用

（1）凡在2m以上高处工作人员必须系好合格的安全带。

（2）高挂低用，注意防止摆动碰撞。

（3）不准将绳打结使用，也不准将钩直接挂在安全绳上使用，应挂在连接环上用。

（4）安全带上的各种部件不得任意拆掉。更换新绳时要注意加绳套。

（5）安全带使用两年后，按批量购入情况，抽验一次。

（6）使用频繁的绳，要经常做外观检查，发现异常时，应立即更换新绳。带子使用期为3～5年，发现异常应提前报废。

（7）使用时避免触碰有钩刺的工具。

（8）安全带不准接触高温、明火、强酸和尖锐的坚硬物体，也不准长期曝晒、雨淋。

（9）安全带严禁擅自接长使用。如果使用3m及以上的长绳时必须要加缓冲器，如图2-18所示。

图2-18 安全带缓冲器

二、安全网

安全网是用来防止人、物坠落，或用来避免、减轻坠落及物击伤害的网具。安全网一般由网体、边绳、系绳等组成。安全网按功能分为安全平网、安全立网、密目式安全立网，如图2-19所示。

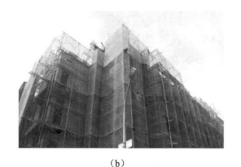

（a）　　　　　　　　　　　　　　（b）

图2-19　安全网

（a）平网；（b）立网

1. 安全平网

安全平网主要是用来接住坠落人和物的安全网，安装平面应平行于水平面。安全要求如下：

（1）平网宽度不小于3m，网目边长不大于10cm，边绳、系绳、筋绳的直径不少于网绳的2倍，且应大于7mm。

（2）平网边绳和系绳的断裂强度不低于7.5kN(750kgf)。

（3）平网要能承受重100kg，底面积为2800cm²的模拟人形砂包冲击后，网绳、边绳、系绳都不断裂。冲击高度为10m，冲击时网面最大延伸率不超过1.5m。

（4）筋绳必须纵横向设置，相邻两筋绳间距为30～100cm，网上的所有绳结成节点必须牢固，筋绳应伸出边绳1.2m，以方便网与网或网与横杆之间的拼接绑扎。

（5）平网可代替立网使用。安全平网如图2-20所示。

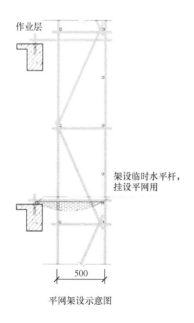

作业层

架设临时水平杆，挂设平网用

500

平网架设示意图　　　　　　　　　　　　　平网三维效果图

图2-20　平网安全平网

2. 安全立网

安全立网主要用来防止人、物坠落，或用来避免、减轻坠落及物击的伤害，安装平面应垂直于水平面，如图2-21所示。安全要求如下：

（1）立网目数应在2000目以上，宽（高）度不小于1.2m。

（2）立网的边绳和系绳断裂强度不低于300kgf；网绳的断裂强力为150～200kgf(150～200)×9.8N。

（3）立网试验冲击高度为2m，冲击时网面最大延伸率不超过1.5m。

（4）筋绳必须纵横向设置，相邻两筋绳间距为30～100cm，网上的所有绳结成节点必须牢固，筋绳应伸出边绳1.2m，以方便网与网或网与横杆之间的拼接绑扎。

（5）立网绝不允许当平网使用。

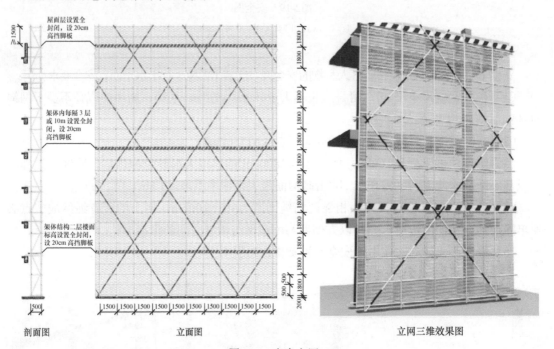

图2-21　安全立网

3. 密目式安全立网

密目式安全立网的网眼孔径不大于12mm，垂直于水平面安装，用于阻挡人员、视线、

图2-22　密目式安全立网

自然风、飞溅及失控小物体的网，称为密目网。密目网一般由网体、开眼环扣、边绳和附加系绳组成。密目网分为A级密目式安全立网、B级密目式安全立网。A级密目网是在有坠落风险的场所使用；B级密目网是在没有坠落风险或配合安全立网（护栏）完成坠落保护功能使用。密目式安全立网如图2-22所示，其安全要求如下：

（1）缝线不应有跳针、漏缝、缝边应均匀。

（2）每张密目网允许有一个缝接部位应端正牢固。

（3）网体上不应有断纱、破洞、变形及有碍使用的编织缺陷。

（4）密目网各边缘部位的开眼环扣应牢固可靠。

（5）密目网的宽度应介于1.2～2.0m，长度最低不应小于2m。

（6）网目密度不低于800目/100cm$^2$。

（7）开眼环扣孔径不应小于8mm。

（8）网眼孔径不应大于12mm。

4. 搭设要求

（1）安全网必须有生产厂家的生产许可证，产品的出厂合格证；若是旧网在使用前应做试验，并有试验报告书，试验合格的旧网才可以使用。

（2）无可靠安全防护固定装置，且高度在6m以上的改造工程、构架安装、使用脚手架等高处作业，应使用安全网。

（3）安装前必须对网及支杆、横杆、锚固点进行检查，确认无误后方可开始安装。支杆、横杆应使用管径不小于50mm、壁厚不小于3mm的钢管。

（4）第一道平网张挂在离地3～4m高度，然后每隔6～8m再挂一道安全网，最大间距不得超过10m；作业面与下方第一层安全网落差不得超过上述规定。立网从离地1.5m以上高处作业临空侧（与固定墙面间隙大于15cm）开始装设，并装设在管排内侧，如图2-23所示。

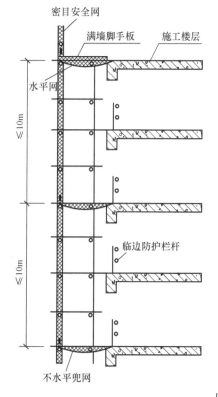

图2-23 平网张挂

（5）平网与其下方（或地面）物体表面距离不得小于3m。

（6）平网安装时不宜绷得过紧，应外高内低，以15°为宜。网的负载高度在5m以内时，网伸出建筑物宽度2.5m以上，10m以内时网伸出建筑物宽度最小为3m，如图2-24所示。

（7）立网架设必须拉直拉紧，底边的系绳必须系结牢固。

（8）安全网的内外侧应各绑一根大横杆，内侧横杆绑在牢固的构架上，大横杆离构筑物（或楼板）间隙≤15cm。网外侧大横杆应每隔3m设一支杆，支杆与地面保持45°角，支杆落点要牢靠固定。如图2-25所示。

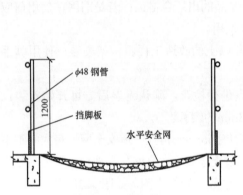

图2-24　平网安装

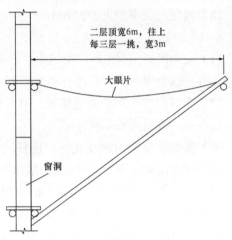

图2-25　平网张挂

图2-26　多张安全网连接

（9）多张安全网连接使用时，两网间应用筋绳（系绳）将边绳捆绑牢固，如图2-26所示。

（10）张挂安全网时，应事先考虑到在临时需进出料位置留有可收起的活动安全网，如有起吊作业时能方便收起网，用完时立即恢复原状。

三、防坠器

防坠器是防止高处工作人员坠落的个体防护用品。常见的防坠器有：攀登自锁器、速差自控器。

1. 攀登自锁器

攀登自锁器是预防高处工作人员垂直攀登时发生坠落的安全防护用品。在攀登过程中，自锁器一直在人体下方自由跟随上下移动，一旦人体不慎坠落，即自动快速锁止，保护人身安全，如图2-27所示。其使用方法如下：

（1）攀登自锁器的主绳应根据需要在设备构架吊装前设置好；主绳应垂直放置，上下两端固定，上下同一保护范围内严禁有接头；主绳与设备构架的间距应能满足自锁器灵活使用，攀登自锁器的主绳固定如图2-28所示。

（2）使用前，应将攀登自锁器压入主绳试拉，当猛拉圆环时，应锁止灵活，确认安全、保险完好无误后，方可使用，如图2-29所示。

（3）安全绳和主绳严禁打结、绞结使用；绳钩必须挂在安全带的连接环上使用；严禁尖锐物体、火源、腐蚀剂及带电物体接近或接触自锁器及主绳。

（4）对自锁器应进行经常性检查，要求工作性能良好；锁钩螺栓、铆钉等应无松动；

壳体应无裂纹或变形；安全绳应无磨损和无变形伸长；上下固定点无松弛。

（5）在高处平台上作业时，攀登自锁器应挂在人体上方，如图2-30所示。

图2-27 攀登自锁器

图2-28 攀登自锁器的主绳固定

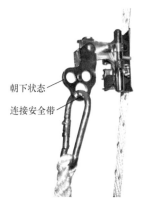

图2-29 攀登自锁器的正确使用

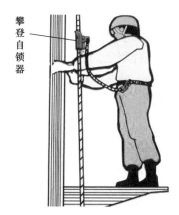

图2-30 在高处平台作业的使用攀登自锁器

2. 速差自控器

速差自控器又叫速差防坠器（见图2-31）。是一种装有一定长度绳索的器件，作业时可不受限制地拉出绳索，坠落时因速度的变化可将拉出绳索的长度锁定。使用时只需要将锦纶吊绳跨过上方坚固钝边的结构物上，将锦纶绳上的铁钩挂入"n"形环上，将钢丝绳上的铁钩挂入安全带上的半圆环内即可使用。在使用半径内，不需更换悬挂点。

正常使用时，安全绳将随人体自由伸缩。在器内机构作用下，处在半紧张状态，使工作人员无牵挂感。万一失足坠落，安全绳拉出速度明显加快，器内锁止系统即自动锁止，使安全绳拉出距离不超过0.2m，冲击力小于2949N，对失足人员毫无伤害，如图2-32所示。当负

图2-31 速差自控器

荷解除即自动恢复工作，工作完毕安全绳将自动回收到器内，便于携带。其使用方法如下：

（1）速差自控器应高挂低用，悬挂于使用者上方固定在结构物质上，应防止摆动碰撞，如图2-33所示。在进行倾斜作业时，原则上倾斜不超过30°，30°以上必须考虑能否撞

击到周围的物体。

图2-32　人员失足坠落速差自控器自动锁上

图2-33　悬挂的速差自控器

（2）正常拉动安全绳时，会发生"嗒、嗒"声响。如安全绳收不回去，稍作速度调节即可。

（3）严禁将绳打结使用，速差自控器的绳钩必须挂在安全带的连接环上，并必须远离尖锐物体，火源、带电物体。

（4）速差自控器上的各部件，不得任意拆除、更换；使用时也不需添加任何润滑剂；使用前应做实验，确认正常后方可使用。

（5）在使用速差自控器过程中要经常性的检查速差自控器的工作性能是否良好；绳钩、吊环、固定点、螺母等有无松动；壳体有无裂纹或损伤变形；钢丝绳有无磨损、变形伸长、断丝等现象，如发现异常应停止使用。

（6）速差自控器在不使用时应防止雨淋，防止接触腐蚀性的物质。

（7）速差自控器必须有省级以上安全检验部门的产品合格证。

（8）钢丝绳拉出后工作完毕，收回器内时中途严禁松手。避免回速过快造成弹簧断裂钢丝绳打结，不能使用。钢丝绳收回器内后即可松手。

# 第十节　个体防护用品选用

个体防护用品是指根据生产过程中不同性质的有害因素，采用不同方法，保护肌体的局部或全部免受外来伤害，从而达到防护目的的用品。它是保障从业人员安全和健康的最后一道防线，正确选用个体防护用品将直接影响着从业人员健康和人身安全。由于个体防护用品的品种繁多，用人单位必须严格按照规定购置合格的个体防护用品，保证从业人员的使用安全，起到防护作用。

选购个体防护用品时，应注意是否有生产许可证、安全标志，对于特种防护用品应注意是否有出厂合格证和安全鉴定证。另外，在使用中，应注意使用期限及受损情况，如有破损及超过或到达使用期限应及时更换。

## 一、个体防护用品的选用原则

### 1. 根据工作场所有害因素进行选用

常见的有害因素种类有：粉尘有害因素、化学性有害因素、物理有害因素、生物性有害因素等。例如，粉尘较大场所应选用防尘服、防尘口罩等；有毒有害场所应选用防毒口罩、有相应滤毒罐的防毒面罩、空气呼吸器等；腐蚀性场所应选用防化眼罩、防毒口罩、防酸碱服、耐酸碱手套/鞋、护发帽等。

2. 根据作业类别选用

例如，高处作业应选用安全帽、安全带和防滑工作鞋，存在物体坠落、撞击的作业应选用安全帽和安全鞋等，个体防护用品的选用见表2-5。

表2-5　　　　　　　　　　　个体防护用品的选用

| 序号 | 作 业 类 别 | | 可以使用的防护用品 | 建议使用的防护用品 |
|---|---|---|---|---|
| 1 | 存在物体坠落、撞击的作业 | | 安全帽<br>防砸鞋（靴）<br>防刺穿鞋<br>安全网 | 防滑鞋 |
| 2 | 有碎屑飞溅的作业 | | 安全帽<br>防冲击护目镜<br>一般防护服 | 防机械伤害手套 |
| 3 | 操作转动机械作业 | | 工作帽<br>防冲击护目镜<br>其他零星防护用品 | |
| 4 | 接触锋利器具作业 | | 防机械伤害手套<br>一般防护服 | 安全帽<br>防砸鞋（靴）<br>防刺穿鞋 |
| 5 | 地面存在尖利器物的作业 | | 防刺穿鞋 | 安全帽 |
| 6 | 手持振动机械作业 | | 耳塞<br>耳罩<br>防振手套 | 防振鞋 |
| 7 | 人承受全身振动的作业 | | 防振鞋 | |
| 8 | 铲、装、吊、推机械操作作业 | | 安全帽<br>一般防护服 | 防尘口罩（防颗粒物呼吸器）<br>防冲击护目镜 |
| 9 | 低压带电作业（1kV以下） | | 绝缘手套<br>绝缘鞋<br>绝缘服 | 安全帽（带电绝缘性能）<br>防冲击护目镜 |
| 10 | 高压带电作业 | 在1~10kV带电设备上进行作业时 | 安全帽（带电绝缘性能）<br>绝缘手套<br>绝缘鞋<br>绝缘服 | 防冲击护目镜<br>带电作业屏蔽服<br>防电弧服 |
| | | 在10~500kV带电设备上进行作业时 | 带电作业屏蔽服 | 防强光、紫外线、红外线护目镜或面罩 |
| 11 | 高温作业 | | 安全帽<br>防强光、紫外线、红外线护目镜或面罩<br>隔热阻燃鞋<br>白帆布类隔热服<br>热防护服 | 镀反射膜类隔热服<br>其他零星防护用品 |

| 序号 | 作 业 类 别 | 可以使用的防护用品 | 建议使用的防护用品 |
|---|---|---|---|
| 12 | 易燃易爆场所作业 | 防静电手套<br>防静电鞋<br>化学品防护服<br>阻燃防护服<br>防静电服<br>棉布工作服 | 防尘口罩（防颗粒物呼吸器）<br>防毒面具<br>防尘服 |
| 13 | 可燃性粉尘场所作业 | 防尘口罩（防颗粒物呼吸器）<br>防静电手套<br>防静电鞋<br>防静电服<br>棉布工作服 | 防尘服<br>阻燃防护服 |
| 14 | 高处作业 | 安全帽<br>安全带<br>安全网 | 防滑鞋 |
| 15 | 地下作业 | 安全帽<br>防尘口罩（防颗粒物呼吸器）<br>防毒面具<br>自救器<br>耳塞<br>防静电手套<br>防振手套<br>防水胶靴<br>防砸鞋（靴）<br>防滑鞋<br>防水服<br>阻燃防护服 | 耳罩<br>防刺穿鞋 |
| 16 | 水上作业 | 防水胶靴<br>水上作业服<br>救生衣（圈） | 防水服 |
| 17 | 潜水作业 | 潜水服 | |
| 18 | 吸入性气相毒物作业 | 防毒面具<br>防化学品手套<br>化学品防护服 | 劳动护肤剂 |
| 19 | 密闭场所作业 | 防毒面具（供气或携气）<br>防化学品手套<br>化学品防护服 | 空气呼吸器<br>劳动护肤剂 |
| 20 | 吸入性气溶胶毒物作业 | 工作帽<br>防毒面具<br>防化学品手套<br>化学品防护服 | 防尘口罩（防颗粒物呼吸器）<br>劳动护肤剂 |
| 21 | 沾染性毒物作业 | 工作帽<br>防毒面具<br>防腐蚀液护目镜<br>防化学品手套<br>化学品防护服 | 防尘口罩（防颗粒物呼吸器）<br>劳动护肤剂 |
| 22 | 生物性毒物作业 | 工作帽<br>防尘口罩（防颗粒物呼吸器）<br>防腐蚀液护目镜<br>防微生物手套<br>化学品防护服 | 劳动护肤剂 |

3. 根据工作场所有害因素的测定值选用

如果工作场所粉尘浓度较低，选用随弃或防颗粒物呼吸器级别KN95即可；如粉尘属石棉纤维，则应选用KN100的呼吸器（可更换式半面罩或全面罩）；如工作场所的有害物质是缺氧（空气中氧含量低于18%）或剧毒品，当浓度很高危及生命时，则应选用隔离式空气呼吸器或氧气呼吸器等防护用品。

4. 根据有害物对人体作用部位进行选用

如果有害物会伤害头部、耳部、眼部、呼吸、手臂、躯体、皮肤、足部等部位，应根据不同部位进行相对应防护用品的选用。

5. 根据人体尺寸进行选用

个人使用的防护用品只有与个人尺寸相匹配才能发挥最好的防护功能，因此，在选用个人防护用品时应有不同型号供使用者选用。

## 二、个体防护用品的选用要求

（1）国家规定必须穿戴防护用品的工作场所，必须穿戴防护用品。

（2）接触粉尘作业的工作场所需穿戴防尘防护用品：防尘口罩、防尘眼镜、防尘帽、防尘服等。

（3）接触有毒物质作业的工作场所，必须穿戴的防毒用品：防毒口罩、防毒面具等。

（4）有物体打击危险的工作场所，必须戴安全帽，穿防护鞋。

（5）层高2m以上作业的场所必须系安全带。

（6）从事可能造成对眼睛伤害的作业，必须戴护目镜或防护面具。

（7）从事有可能被传动机机械绞碾，夹卷伤害的作业，必须穿戴合体工作服，女工必须戴防护帽，不能戴防护手套，不能佩戴悬露的饰物。

（8）噪声超过国家标准的工作场所必须戴防噪声耳塞或耳罩。

（9）从事接触酸碱的作业必须穿戴防酸碱工作服。

（10）水上作业必须穿救生衣，使用救生用具。

（11）易燃易爆场所必须穿戴防静电工作服。

（12）从事电气作业应穿绝缘防护用品，从事高压带电作业应穿屏蔽服。

（13）高温、高寒作业时，必须穿戴防高温辐射及防寒护品。

## 三、个体防护用品的选用程序（见图2-34）

（1）作业前，应识别从事作业可能存在的危害因素；

（2）对危害因素进行辨识和分析，确认对人体是否会造成伤害；

（3）依据对人体造成伤害的类别，确认是否需要配备个体防护用品；

（4）根据作业类别来选择合适的个体防护用品；

（5）判断所选个体防护用品的防护性能是否正确；

（6）正确佩戴个体防护用品；

（7）进入作业现场，实施作业。

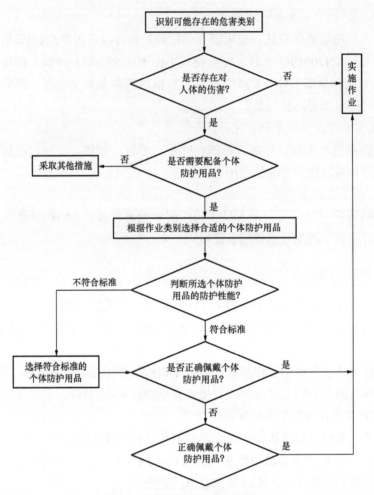

图2-34　个体防护用品选用程序

**四、穿戴防护用品时的注意事项**

（1）必须穿戴经过认证合格的防护用品。

（2）须确认穿戴的防护用品对将要工作的场所的有害因素起防护作用的程度，检查外观有无缺陷或损坏，各部件组装是否严密等。

（3）要严格按照防护用品说明书的要求使用，不能超极限使用，并能使用替代品。

（4）穿戴防护用品要规范化、制度化。

（5）使用完防护用品要进行清洁，防护服务器要定期保养。

（6）防护用品要存放在所定地点、所定容器内。

# 第十一节　个体防护装备

为了保护工作人员在作业中免遭或减轻人身伤害和职业危险，工作人员应根据作业类别、作业环境来正确选用个体防护用品，严格按照着装要求进行规范着装。着装时需对照正衣镜进行自检，必要时可由工作负责人协助复检，确认个体防护装备无误，符合进入生产现场的安全防护要求后，方准进入。

一、正衣镜（见图2-35）

正衣镜是工作人员用来照镜检查是否规范着装的镜子。制作正衣镜的基本要求：

（1）正衣镜必须以铜为镜来正衣冠，镜高2000mm。

（2）正衣镜分为两部分，左侧为个体着装规范，右侧为铜镜。

（3）个体着装规范的文字标注应正确、清晰和醒目。

（4）正衣镜必须保持干净。

（5）正衣镜必须挂在进入生产现场的第一个大门处。

图2-35　正衣镜

二、工作人员的着装要求

（1）进入生产现场人员应穿戴好个体防护用品，着装整齐、配卡上岗。

（2）管理人员、运行人员、检修人员、外来人员应按规定佩戴好色别安全帽。

（3）从事高处工作人员必须佩戴安全带。

（4）从事机械加工人员、接触化学危险品人员必须佩戴护目镜。

（5）从事尘毒及特殊工作人员，应穿戴好专用防护服。

（6）进入生产现场人员不得打领带，不得戴戒指、手链等饰物。

（7）进入生产现场人员不得长发披肩，长发、长辫应塞在安全帽内。

（8）进入生产现场人员严禁穿拖鞋、凉鞋、高跟鞋、背心、短裤、短袖衫及裙装。严禁在现场内赤膊。

三、个体防护装备及要求（见表2-6）

表2-6　　　　　　　　　　　不同作业个人防护装备及要求

| 序号 | 作业类别 | 图　示 | 防　护　装　备 | 基　本　要　求 |
|---|---|---|---|---|
| 1 | 高处作业 | | 高处作业必须穿好工作服、防滑鞋，佩戴安全帽、安全带 | （1）高处安装、维护、拆除作业必须经过专业技能培训，取得《特种作业操作证》（高处作业）。<br>（2）登高架设人员属于特种作业人员，必须经过专业技能培训，取得《特种作业操作证》（高处作业）。<br>（3）高处工作人员必须经县级及以上医疗机构体检合格。凡患有高血压病、心脏病、贫血病、精神病、癫痫病等人员均不得上岗作业 |

续表

| 序号 | 作业类别 | 图　示 | 防　护　装　备 | 基　本　要　求 |
|---|---|---|---|---|
| 2 | 起重作业 | | 起重作业必须穿工作服、防砸鞋（靴），佩戴安全帽、起重手套 | （1）起重机械安装（改造）、维修保养、司索、起重机司机、起重指挥人员均属于特种作业人员。<br>（2）起重人员必须经专业技能培训考试，取得《特种设备作业人员证》（起重机械作业）。<br>（3）起重人员必须经县级及以上医疗机构体检合格。基本要求：身体健康，双目裸眼视力均不低于0.7，无色盲、听觉障碍、癫痫病、高血压、心脏病、眩晕、突发性昏厥等妨碍起重作业的其他疾病及生理缺陷 |
| 3 | 机加工作业 | | 机械加工作业必须穿好工作服，衣服和袖口应扣好，并戴好工作帽 | 机加工人员必须经专业技能培训，并掌握机械设备的现场操作规程和安全防护知识 |
| 4 | 电气作业 | | 电工必须穿工作服、绝缘鞋（靴），高压验电操作人员还需戴绝缘手套 | （1）电工属于特种作业人员，包括电气操作人员、电气检修和维护人员。<br>（2）电工必须经专业技能培训，取得《特种作业操作证》（电工作业）。<br>（3）带电工作人员除取得《特种作业操作证》外，还需取得《带电作业资格证》 |
| 5 | 焊接作业 | | 焊接作业必须穿焊工工作服、焊工防护鞋，佩戴工作帽、焊工手套。其中，电焊工还需佩戴焊工面罩，气焊工需佩戴防护眼镜 | 焊接人员属于特种作业人员，必须经专业技能培训，取得《特种作业操作证》（焊接与热切割作业） |

续表

| 序号 | 作业类别 | 图 示 | 防 护 装 备 | 基 本 要 求 |
|---|---|---|---|---|
| 6 | 除焦（灰）作业 | | （1）除焦作业必须穿隔热工作服、工作鞋，佩戴防烫伤手套、防护面罩；<br>（2）除灰作业必须穿隔热工作服、长筒靴，佩戴手套，并将裤脚套在靴外面 | 除灰（焦）人员必须经专业技能培训，符合上岗要求 |
| 7 | 化学试验 | | 化学试验人员［配制化学溶液、装卸酸（碱）等］必须穿好耐酸（碱）服，佩戴橡胶耐酸（碱）手套、防护眼镜（面罩）；必要时戴防毒口罩（含有钠石灰过滤的）或面罩 | （1）化学试验人员属于特种作业人员，必须经专业技能培训，取得《特种作业操作证》（危险化学品安全作业）；<br>（2）具有辨识化学药品类别能力，了解化学药品特性及防护方法。如进入酸气较大的场所必须佩戴套头式防毒面具 |
| 8 | 有毒场所 | | 进入有毒的场所必须穿好防毒服，配戴防毒面具、防毒手套、防毒靴等 | 具有辨识毒物类别的能力，了解毒物特性及防护方法。如进入液氨泄漏的场所必须穿重型防化服 |
| 9 | 粉尘场所 | | 进入粉尘较大的场所必须佩戴防尘口罩、穿防尘服、防尘鞋等 | 具有辨识粉尘类别的能力，了解粉尘特性及防护方法 |

续表

| 序号 | 作业类别 | 图 示 | 防 护 装 备 | 基 本 要 求 |
|---|---|---|---|---|
| 10 | 有害气体场所 | | 进入有害气体的场所必须佩戴防毒面罩 | 具有辨识有害气体类别的能力，了解有害气体特性及防护方法 |
| 11 | 水上作业 | | 水上作业或码头临水必须穿着救生衣；潜水作业必须穿潜水服 | （1）码头工作人员必须经专业技能及安全防护培训；<br>（2）水上工作人员必须经专业技能培训，掌握水上防护、自救常识；<br>（3）潜水工作人员必须经专业技能培训，取得《潜水专业资格证》；<br>（4）从事水上工作人员必须身体健康，无水上作业禁忌症 |
| 12 | 火灾场所 | | 进入火灾场所必须穿消防服、消防鞋，佩戴（靴）消防帽、防毒面具等 | （1）消防人员应经当地消防主管部门专业技能培训合格后，方可上岗；<br>（2）消防主管部门应每年对义务消防员进行一次专业技能培训及消防演练 |

# 第三章 安全警示线

## 第一节 概 述

安全警示线是用于界定和划分危险区域的标识线。像人们传递某种注意或警告的信息，以避免人身伤害。安全警示线分为禁止阻塞线、减速提示线、安全警戒线、防止踏空线、防止碰头线、防止绊跤线、生产通道边缘警戒线等，如图3-1所示。

图3-1 生产现场安全警示线

### 一、安全警示线的颜色

安全警示线的颜色分为红色、黄色和绿色三种，见表3-1。

表 3-1 安全警示线

| 安全警示线 | 颜 色 | 设置范围及地点 |
| --- | --- | --- |
| 红色警示线 | | 高毒物品作业场所，放射作业场所，紧邻事故危害源周边 |
| 黄色警示线 | | 一般有毒物品作业场所、紧邻事故危害区域的周边 |
| 绿色警示线 | | 事故现场救援区域的周边 |

## 二、安全警示线的配置（见表3-2）

表 3-2　　　　　　　　　　　　安全警示线

| 序号 | 名　称 | 图　示 | 配　置　原　则 |
|---|---|---|---|
| 1 | 安全警戒线 | 主机设备　辅机设备 辅机设备 辅机设备 | 标注在主机设备、辅助设备的周围 |
| 2 | 安全警戒线 | 设备屏 (a) 设备屏 (b) | （1）设置在控制屏、保护屏、配电屏和高压开关柜等设备周围。<br>（2）图（a）为屏后没有门形式的标注。<br>（3）图（b）为屏后有门形式的标注 |
| 3 | 禁止阻塞线 | 设　备 | （1）标注在地下设施入口盖板上。<br>（2）标注在灭火器存放处。<br>（3）标注在电缆沟盖板上方。<br>（4）标注在其他禁止阻塞的物体前。<br>（5）标注在防火门前 |
| 4 | 防止碰头线 | | 标注在人行通道高度不足1.8m的障碍物上 |
| 5 | 防止碰撞线 | | （1）标注在厂区车辆行驶通道上、转弯处的建筑物棱角、支架柱、管架柱；<br>（2）标注在车辆出入大门两侧 |

| 序号 | 名　称 | 图　示 | 配 置 原 则 |
|---|---|---|---|
| 6 | 防止绊跤线 | | 标注在人行横道地面上高差300mm以上的管线或其他障碍物上 |
| 7 | 防止踏空线 | | （1）标注在楼梯第一级台阶上。<br>（2）标注在人行通道高差300mm以上的边缘处 |
| 8 | 生产通道边缘警戒线 | | （1）标注在生产区域专用通道。<br>（2）标注在设备、设施人行通道两侧 |

# 第二节　禁止阻塞线

禁止阻塞线是用于禁止在相应的设备前停放物体，以免发生意外。

## 一、基本要求（见图3-2）

（1）禁止阻塞线为等宽黄白相间的条纹，黄色条宽100mm，间隔100mm。

（2）色条向左下方倾斜，倾斜角45°。

（3）长与标注物等长，宽为标注物前800mm。

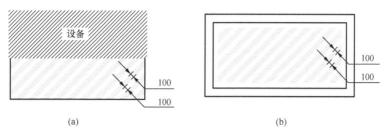

（a）　　　　　　　　　　　　　　　　　（b）

图3-2　禁止阻塞线

（a）标注物前；（b）禁止阻塞线

## 二、配置规范

（1）标注在地下设施入口盖板上，如图3-3所示。

（2）标注在灭火器存放处，如图3-4所示。

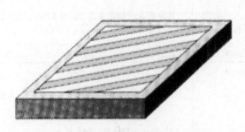

图3-3　标注在地下入口盖板上

图3-4　标注在灭火器存放处

（3）电缆沟盖板上方及其他禁止阻塞的物体前，如图3-5所示。

（4）标注在厂房通道旁边的配电室、仓库门口。

（5）标注在电源盘柜前，如图3-6所示。

图3-5　标注在电缆沟盖板上

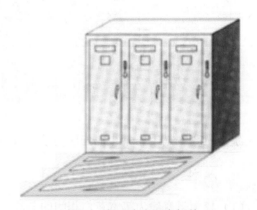

图3-6　标注在电源盘柜前

# 第三节　减速提示线

减速提示线是提醒该区域内的驾驶人员减速行驶，以保证人员和设备、设施安全。

## 一、基本要求（见图3-7）

（1）减速提示线为等宽、黄白相间条纹，黄色条宽150～250mm，间隔150～250mm。

（2）黄色条向左下方倾斜，倾斜角45°。

## 二、配置规范

（1）标注在限速区域入口、弯道、交叉口处。

（2）标注在生产、办公区内道路的弯道、交叉路口处，如图3-8所示。

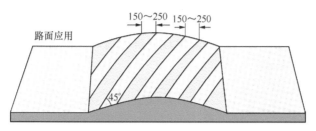

图3-7　减速提示线

图3-8　标注在限速区域入口处

# 第四节　安全警戒线

安全警戒线是用来界定和划分运行设备的危险区域。提醒人员误入此区域，避免误碰、触运行中的转动设备或电气设备等。

## 一、基本要求

（1）安全警戒线为黄色（标准色Y100），色条宽100～150mm。

（2）黄色条距发电机组周围1m，如图3-9所示。

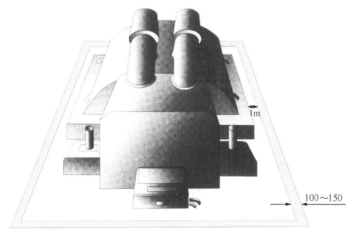

图3-9　标注在发电机组周围

（3）黄色条距落地安装的转动机械周围0.8m。

（4）黄色条距控制盘（台）前、配电盘（屏）前周围0.8m。对于屏后有门的可采用图3-10（b），如图3-10所示。

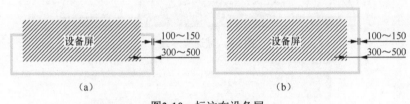

图3-10　标注在设备屏

(a) 屏后无门；(b) 屏后有门

（5）主机设备、辅机设备和电气设备的安全警戒线，如图3-11所示。

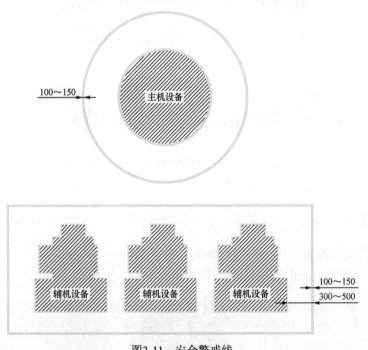

图3-11　安全警戒线

## 二、配置规范

（1）标注在发电机组周围，距离为1m。

（2）标注在落地安装的转动机械周围，距离为0.8m，如图3-12所示。

（3）标注在控制台前，距离为0.8m，如图3-13所示。

（4）标注在控制盘、保护盘（屏）、配电盘（屏）和高压开关柜前，距离为0.8m。对于屏后有门的可采用图3-14（b），如图3-14所示。

图3-12　标注在转动机械周围处

图3-13　标注在控制台处

（a）

（b）

图3-14　标注在盘、屏、柜前后

（a）控制盘（屏）前的警戒线；（b）控制盘（屏）后的警戒线

# 第五节　防止踏空线

防止踏空线是用于提醒人员注意通道脚下的高度落差，防止发生踏空摔倒发生意外。

## 一、基本要求

（1）防止踏空线的标准色为黄色（Y100 M30），宽度为100～150mm。

（2）标注在建筑物楼梯的第一级台阶上，如图3-15所示。

（3）标注在人行通道落差300mm以上的边缘处，如图3-16所示。

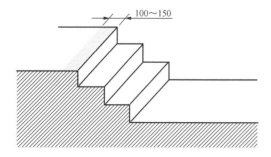

图3-15　标注在楼梯第一级台阶上

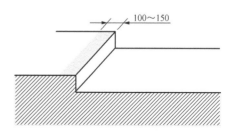

图3-16　标注在落差300mm以上边缘处

（4）黄色条长应与楼梯、通道一致。

二、配置规范

（1）标注在楼梯第一级台阶上，如图3-17所示。

（2）标注在人行通道高差300mm以上的边缘处，如图3-18所示。

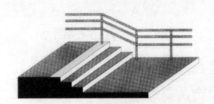 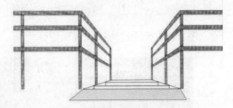

图3-17　标注在楼梯第一级台阶上　　　图3-18　标注在高差300mm以上边缘处

（3）防止踏空线应采用黄色油漆涂到第一级台阶地面边缘处，如图3-19所示。

图3-19　标注在第一级台阶地面边缘处

# 第六节　防止碰头线

防止碰头线是用于提醒人员注意人行通道上方的障碍物，防止发生碰头意外。

一、基本要求

（1）防止碰头线为黄黑相间条纹，黄色线宽度100～150mm，黑色线宽度75～100mm。

（2）色条向左下方倾斜，倾斜角为45°，如图3-20所示。

（3）标注在人行通道高度不足1.8m的障碍物上，如图3-21所示。

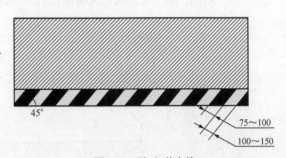

图3-20　防止碰头线

## 二、配置规范

标注在人行通道的防碰头线，如图3-22所示。

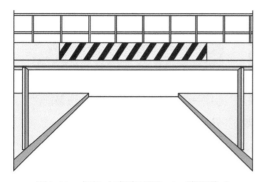

图3-21　标注在高度不足1.8m障碍物上

图3-22　人行通道碰头线

# 第七节　防止碰撞线

防止碰撞线是用于提醒人们注意前方的障碍物，防止发生碰撞意外。

## 一、基本要求

（1）方形支柱刷等宽黄黑相间条纹，色条宽100mm，倾斜角45°，如图3-23所示。

（2）圆柱形支柱刷等宽黄黑相间条纹，色条宽100mm；当警示部位较小时，可选用90mm；高度为1200mm，如图3-24所示。

（3）厂内道路两侧路沿应标注黄黑相间条文，色条宽80cm，如图3-25所示。

图3-23　标注在方形支柱上

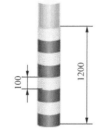

图3-24　标注在圆柱形支柱上

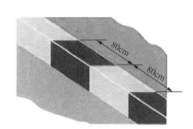

图3-25　标注在厂内道路的路沿上

## 二、配置规范

（1）标注在厂区车辆行驶通道上、转弯处的建筑物棱角、支架柱、管架柱等，如图3-26所示。

图3-26  标注在支架柱、管架柱上

（2）标注在车辆出入大门两侧，如图3-27所示。

（3）标注在靠近通道行车支柱、设备支柱、反射镜支杆等。

（4）标注在厂内道路两侧路沿上，如图3-28所示。

图3-27  标注在大门两侧　　　　　图3-28  标注在厂内道路路沿上

# 第八节  防止绊跤线

防止绊跤线是用于提醒人们注意地面上的障碍物，防止发生绊跤意外。

## 一、基本要求

（1）防止绊跤线为黄黑相间条纹，黄色线宽度100～150mm，黑色线宽度75～100mm，如图3-29所示。

图3-29  防止绊跤线

（2）色条向左下方倾斜，倾斜角45°，如图3-30所示。

## 二、配置规范

标注在人行横道地面上高差300mm以上的管线或其他障碍物上，如图3-31所示。

图3-30 防止绊跤线

图3-31 标注在人行横道障碍物上

# 第九节 生产通道边缘警戒线

生产通道边缘警戒线是在生产、办公区域道路边缘施划的安全警示线，提醒有关人员和机动车驾驶人员避免误入设备、设施区域而设置的安全警示线。

## 一、基本要求

（1）凡容易造成人员在行动过程中被绊倒、划伤或被车辆造成撞伤、挤伤或原辅材料砸伤的工作现场，均应划定生产通道，纵向30m及以上的车间也应划定。

（2）为保证生产通道的夜间可见性，安全警戒线宜涂刷荧光油漆。

（3）生产区域专用通道宽度1～2m（通常车行道宽≥1.8m、人行道宽≥1m），刷绿色油漆覆盖，或敷设绿色防滑橡胶垫。通道两边划宽度为100mm的黄色边线，如图3-32所示。

（4）生产通道边缘有明沟时，宜采用荧光、反光或蓄光等材料进行警示。

（5）固定停车位置采用黄色线标示。

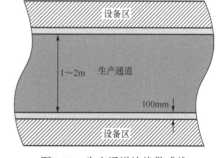

图3-32 生产通道边缘警戒线

（6）生产通道指示一般设置直线距离20m一个，可根据生产现场实际调整，紧急出口一般设置在入口处，高度离地面小于1m。

## 二、配置规范

（1）标注在生产区域专用通道，如图3-33所示。

（2）标注在设备、设施区域的人行通道两侧，如图3-34所示。

图3-33　标注在生产厂房区域

图3-34　标注在设备、设施区域

# 第四章 安全防护围栏

## 第一节 概 述

安全防护围栏是用来隔离危险场所或工作场所，限制工作人员的活动范围，以防非工作人员进入安全警戒区域的一项安全措施，通常用在设备检修、试验作业场所，以及高压电气设备等隔离防护。常用的安全防护围栏有：固定防护围栏、临时防护遮栏、地桩式活动围栏、临时提示遮栏、隔离网墙（遮栏）、爬梯遮栏门、挡鼠板等，见表4-1。

表 4-1 安全防护围栏

| 序号 | 名称 | 图示 | 配置范围 |
|------|------|------|----------|
| 1 | 固定防护围栏 | | 适用于生产现场平台、人行通道、升降口、孔洞等有坠落危险的场所 |
| 2 | 临时防护遮栏 | | （1）临时升降口、孔洞。<br>（2）安全通道或沿平台等边缘部位，因检修取下常设栏杆的场所。<br>（3）需临时打开的平台、地沟盖板周围 |
| 3 | 地桩式活动围栏 | | 适用于变电站户外设备运行区域与检修区域隔离 |
| 4 | 临时提示遮栏 | | （1）有可能高处落物的场所。<br>（2）设在检修、试验工作现场，用来规范工作人员活动范围。<br>（3）检修现场安全通道。<br>（4）检修现场临时起吊场地。<br>（5）防止其他人员靠近的高压试验场所。<br>（6）事故现场防护。<br>（7）需临时打开的平台、地沟盖板周围 |
| 5 | 隔离网墙（遮栏） | | 适用于隔离户外高压电气设备、危险性较大的场所（如油区、氢站等） |

续表

| 序号 | 名称 | 图示 | 配置范围 |
|---|---|---|---|
| 6 | 爬梯遮栏 | | （1）安装在禁止攀登的架构爬梯上。<br>（2）爬梯遮栏下边缘安装在距地面1.5m处。<br>（3）防止人员误爬带电设备 |
| 7 | 挡鼠板 | | （1）安装在配电室、电缆夹层、电子设备间等进出口门上。<br>（2）安装方式为插入式。<br>（3）防止小动物咬伤电缆 |

# 第二节 固定防护围栏

图4-1 固定防护围栏

固定防护围栏是沿平台、人行通道及作业场所敞开边缘固定安装的防护设施。固定防护围栏是由立柱、扶手、横杆、挡板构成，如图4-1所示。

1. 固定防护围栏的尺寸

（1）防护栏杆的高度宜为1050mm。

（2）在离地高度小于20m的平台、通道及作业场所的防护围栏高度，不得低于1000mm。

（3）在离地高度等于或大于20m高的平台、通道及作业场所的防护围栏不得低于1200mm。

（4）室外防护围栏的挡板与平台间隙为10～20mm，室内不留间隙。

（5）防护围栏的横杆高度可根据总高度来确定，如图4-2所示。

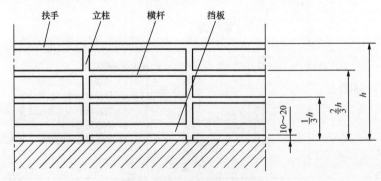

图4-2 固定防护围栏的尺寸

2. 固定防护围栏的材质（如图4-3所示）

（1）防护围栏的全部构件材料宜采用不低于Q234-A·F钢材制作。

（2）防护围栏的结构宜采用焊接，当不便焊接时，也可用螺栓连接，但必须保证整体结构强度。

（3）立柱宜采用不小于50mm×50mm×4mm角钢或φ33.5～50mm钢管，立柱间距为1000mm。

（4）扶手宜采用外径φ33.5～50mm的钢管。

（5）横杆宜采用不小于25mm×4mm扁钢或φ16mm的圆钢。横杆与上、下构件的净间距不得大于380mm。

（6）挡板宜采用不小于100mm×

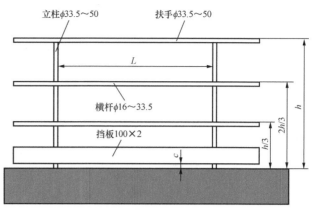

图4-3 固定防护围栏的材质

2mm扁钢制作。如果平台设有满足挡板功能及强度要求的其他结构边沿时，允许不另设挡板。

3. 防护围栏强度

应保证扶手能承受水平方向垂直施加的载荷不小于500N/m。

4. 防护围栏端部

必须设置立柱或与建筑物牢固连接。

# 第三节 临时防护遮栏

临时防护遮栏是用在直径1m以上（含1m）的孔洞及高处临空面搭设的脚手架栏杆。适用于临时升降口、孔洞；安全通道或沿平台等边缘部位、因检修取下常设栏杆的场所；需临时打开的平台、地沟盖板周围等，如图4-4所示。遮栏的全部构件采用不低于Q234-A·F钢材制作，遮栏制作安装要求如下。

**一、临时防护遮栏（选择一，见图4-5）**

1. 临时防护遮栏尺寸

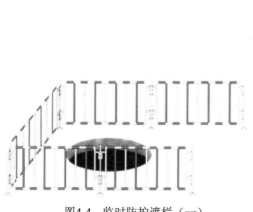

图4-4 临时防护遮栏（一）

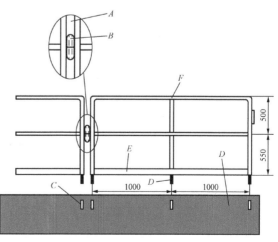

图4-5 临时防护遮栏（二）

2. 临时防护遮栏材料（见表4-2）

**表 4-2** 临时防护遮栏材料 mm

| 序号 | 名　　称 | 规　　格 |
|------|---------|---------|
| A | 立销 | $\phi15.5\times2$ |
| B | 固销 | $\phi20$ |
| C | 固销 | $\phi40\times3$ |
| D | 插销 | $\phi33.5$ |
| E | 档销 | $\phi100\times3$ |
| F | 围销 | $\phi40\times3$ |

## 二、临时防护遮栏（选择二，见图4-6和图4-7）

1. 临时防护遮栏尺寸及材料

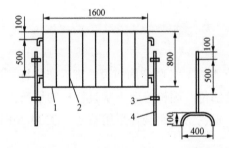

| 序号 | 名称 | 规格 |
|------|------|------|
| 1 | 遮栏框 | $\phi25\times2$ |
| 2 | 立杆 | $\phi10\times2$ |
| 3 | 套管 | $\phi20\times2$ |
| 4 | 立柱杆 | $\phi25\times2$ |

材料 mm

图4-6　临时防护遮栏（三）

2. 临时防护遮栏门尺寸及材料

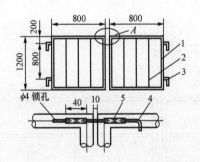

| 序号 | 名称 | 规格 |
|------|------|------|
| 1 | 门框 | $\phi15.5\times2$ |
| 2 | 立杆 | $\phi20$ |
| 3 | 挂销 | $\phi40\times3$ |
| 4 | 锁杆 | $\phi33.5$ |
| 5 | 锁架 | $\phi100\times3$ |

材料 mm

图4-7　临时防护遮栏（四）

### 三、临时防护遮栏（选择三，见图4-8）

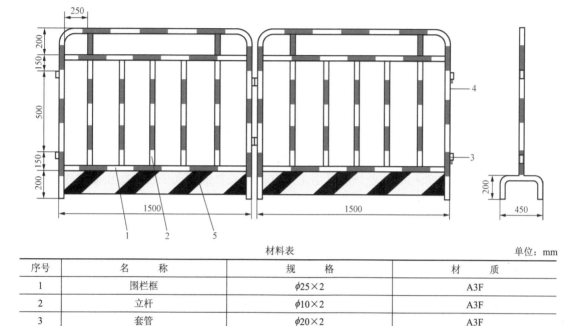

单位：mm

材料表

| 序号 | 名　　　称 | 规　　格 | 材　　质 |
|------|-----------|----------|----------|
| 1 | 围栏框 | $\phi25\times2$ | A3F |
| 2 | 立杆 | $\phi10\times2$ | A3F |
| 3 | 套管 | $\phi20\times2$ | A3F |
| 4 | 立杆柱 | $\phi25\times2$ | A3F |
| 5 | 钢板 | $\phi2\sim3$ | A3F |

图4-8　临时防护遮栏（五）

# 第四节　地桩式活动围栏

地桩式活动围栏主要用于变电站户外设备的运行区与检修区隔离。地桩式活动围栏的护栏带可分为一条带、两条带等形式，如图4-9所示。制作安装要求如下：

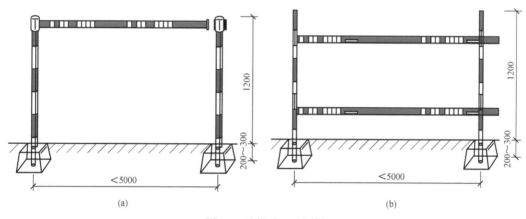

(a)　　　　　　　　　　　　　　　　(b)

图4-9　地桩式活动围栏

（a）一条带活动围栏；（b）两条带活动围栏

（1）围栏立杆应采用绝缘圆管或方管，离地高度为1000～1200mm，埋深为200～300mm，立杆表面应涂有红白相间反光漆。

（2）围栏预埋件应采用水泥预制件或金属材质，与立杆相配套。

（3）围栏护栏带宜采用涤纶布料，布带宽50mm，布带两面均应采用红色，一面印有"止步，高压危险"字样，另一面印有×××公司标志。

# 第五节 临时提示遮栏

户内或户外无法采用地桩式活动围栏进行隔离时，宜设置临时提示遮栏。主要用于隔离临时检修、试验、起吊等作业场所，用来规范工作人员的活动范围，防止非工作人员进入作业区域。临时提示遮栏分为小旗绳、网式围栏、伸缩式围栏及带式围栏等，如图4-10所示。

临时提示遮栏

图4-10 临时提示遮栏

## 一、小旗绳临时提示遮栏

小旗绳临时提示遮栏是由绳子和三角小旗组成。绳子为白色，三角小旗分为红白相间小旗、红绿旗（一面为红旗、另一面为绿旗）与白旗相间、带有"止步，高压危险"字样小旗三种形式。制作安装要求如下：

（1）遮栏的立杆宜采用绝缘管或不锈钢管制作，高度为1000～1220mm，立杆表面应涂有红白相间反光漆。用于室内的临时遮栏，立杆可采用不锈钢管制作，不锈钢管立杆无需红白相间色。

（2）遮栏的底座宜采用金属或塑料，应保证足够的稳定，不易倾覆。

（3）红白相间小旗用于机械设备检修或其他场所时的悬挂，如图4-11（a）所示；红绿旗与白旗相间小旗用于电气设备检修时的悬挂，通常小旗绿面朝向检修，红面朝向带电运行设备，如图4-11（b）所示。

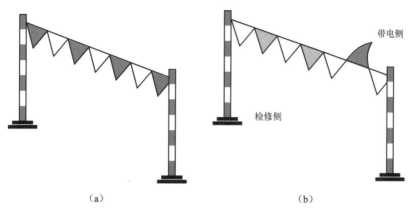

（a）　　　　　　　　　　　　　　　（b）

图4-11　小旗绳临时提示遮栏

（a）小旗绳（用于机械检修）；（b）小旗绳（用于电气检修）

（4）带有"止步，高压危险"字样小旗（见图4-12）

1）围检修设备。在检修设备或工作地点四周装设安全围栏，围栏带上的"止步，高压危险"字样或标示牌应面朝内。

2）围运行设备。若室外配电装置的大部分设备停电，只有个别地点保留有带电设备而其他设备无触及带电导体的可能时，可以在带电设备四周装设地桩式活动围栏，应全封闭，围栏带上的"止步，高压危险"字样或标示牌应面朝外。

图4-12　带"止步，高压危险"字样小旗提示遮栏

## 二、网式临时提示遮栏

（1）遮栏的立杆宜采用绝缘管或不锈钢管制作，高度为1000～1220mm，立杆表面应涂有红白相间反光漆。用于室内的临时遮栏，立杆可采用不锈钢管制作，不锈钢管立杆无需红白相间色。

（2）遮栏的底座宜采用金属或塑料，应保证足够的稳定，不易倾覆。

（3）遮栏网宜采用麻绳或尼龙绳编织、红白两色相间组成。遮栏规格：网长为8m，网宽为0.8m，如图4-13所示。

### 三、伸缩式临时提示遮栏

（1）伸缩式临时提示遮栏宜用塑料棒和塑料块组成，可自由伸缩。

（2）底座宜采用金属材料制作。

（3）遮栏规格：长2000mm，高1200mm，如图4-14所示。

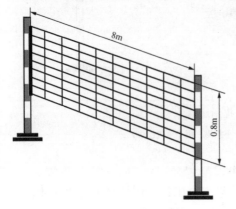

图4-13　网式临时提示遮栏

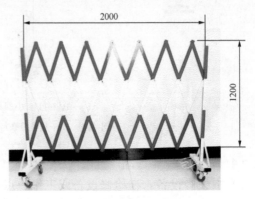

图4-14　伸缩式临时提示遮栏

### 四、带式临时提示遮栏

（1）带式临时提示遮栏的立杆可采用不锈钢管制作。

（2）带子宜采用涤纶布料，布带宽为50mm，布带两面均为红色，一面印有"止步，高压危险"字样，另一面印有×××公司名称或标志，如图4-15所示。

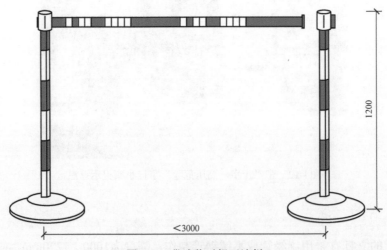

图4-15　带式临时提示遮栏

## 第六节　隔离网墙（遮栏）

隔离网墙、隔离遮栏均属于永久性固定围栏，主要用于隔离户外高压电气设备、危险性较大的场所（如油区、氢站等），防止非工作人员及车辆进入危险场所。隔离网墙如图4-16所示。

一、隔离网墙

（1）隔离网墙为固定挂钩式，其结构及尺寸如图4-17所示。

（2）隔离网墙的网格应使用钢网或塑钢网，立柱应采用不小于40mm×40mm角钢、不小于$\phi$40mm钢管或槽钢。

（3）隔离网墙由两部分组成，主要通道上应安装可开启的门，其余部分应与地面固定，埋深250～300mm。

图4-16 隔离网墙

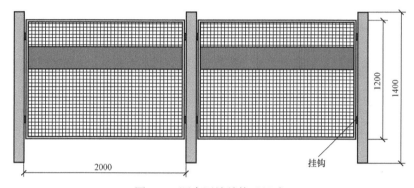

图4-17 隔离网墙结构及尺寸

二、隔离遮栏

（1）隔离遮栏应采用不锈钢管（$\phi$25mm、外框管壁厚1.2mm、立管壁厚0.8mm）、塑钢管或绝缘材料制作。

（2）隔离遮栏尺寸如图4-18所示。

（3）隔离遮栏由两部分组成，主要通道上应安装可开启的门，其余部分应与地面固定或用底盘固定，埋深250～300mm。

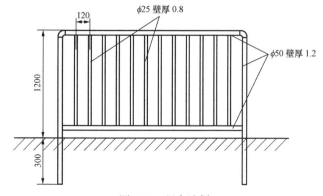

图4-18 隔离遮栏

# 第七节 爬 梯 遮 栏

爬梯遮栏是为保证生产人员安全，避免误爬带电设备，以防人员触电的一项安全措施。爬梯遮栏通常采用门形，设备未检修时门为关闭加锁状态，只有办理了设备检修工作票手续后，由运行人员打开爬梯遮栏门，准许攀爬梯子。爬梯遮栏门通常安装在禁止攀登的构架爬梯上、高压电气设备爬梯上，如图4-19所示。制作安装要求如下：

（1）爬梯遮栏门的宽度应与爬梯保持一致，高度应长于工作人员的跨步长度。

（2）爬梯遮栏门正门应固定有"禁止攀登"标志牌，反面有"从此上下"标志牌。

（3）爬梯遮栏门的下边缘安装在距地面1.5m处。

（4）整体金属材质形式的爬梯遮栏门，如图4-20所示。

图4-19 爬梯遮栏门

门关状态 门开状态

图4-20 爬梯遮栏门

（5）钢网式爬梯遮栏门：

1）爬梯遮栏门的门框采用角钢焊接、中间为钢网或金属板连接而成，其材料规格见表4-3。

表 4-3 爬梯遮栏门的材料 mm

| 序号 | 名 称 | 材 料 | 规 格 |
|---|---|---|---|
| 1 | 门框 | 角钢 | 30×3 |
| 2 | 门鼻 | 扁钢 | 30×3 |
| 3 | 钢网 | Q234—A | 3×3 |
| 4 | 门轴 | 圆钢 | $\phi8\sim60$ |

2）爬梯遮栏门尺寸：外宽为L，内宽$I=L-62$；外高为$h_1=862mm$，内高为$h_2=800mm$；门轴底距内高$h_3=120mm$，如图4-21所示。

3）爬梯遮栏门应涂刷红色油漆。

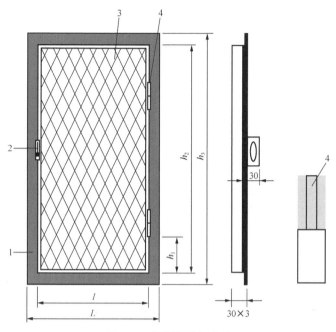

图4-21 爬梯遮栏门尺寸

# 第八节 挡 鼠 板

挡鼠板是用来阻挡鼠类小动物进入配电室内，防止小动物咬伤电缆，造成小动物短路故障引发的电气事故等一项重要安全措施。挡鼠板通常安装在配电室、电缆夹层、电子设备间等出入口门上，如图4-22所示。制作安装要求如下：

（1）挡鼠板宜采用不锈钢、铝合金等不易生锈、变形的材料制作。

（2）挡鼠板安装在门框上，安装方式为插入式。

（3）挡鼠板上部涂刷防止绊跤线的标志，采用反光条，标志线高度为80mm左右。其中黄色线宽度一般在100～150mm，黑色线宽度一般在75～100mm。

（4）挡鼠板高度为450mm，宽度应与门相同，如图4-23所示。

图4-22 挡鼠板

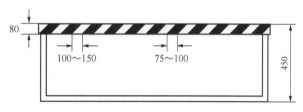

图4-23 挡鼠板尺寸

# 第五章 安全标志

## 第一节 概　　述

标志，比语言更容易识别，色彩强烈醒目，视觉效果更好，作用广泛，在现代社会中被广泛运用。安全标志是向工作人员警示工作场所或周围环境的危险状况，指导人们采取合理行为的标志。安全标志的作用是提醒人们存在或有潜在的危险，指出危险，描述危险的性质，说明危险可能造成伤害的后果，提示人们如何规避危险。

### 一、安全色和对比色

安全色是用来给人们传递一定含义的安全信息的颜色，通常表示禁止、警告、指令、提示等意义。其作用是使人们能够迅速发现和分辨安全标志，提醒人们注意安全，以防发生事故。

1. 安全色

国家规定的安全色有红、黄、蓝、绿四种颜色，其含义见表5-1。

表 5-1　　　　　　　　　　　　　　　　安全色

| 颜色 | 含义 | 安　全　色 | 释　义 |
|------|------|------------|--------|
| 红色 | 禁止 |  | 表示禁止、停止、危险的意思 |
| 黄色 | 警告 |  | 表示注意、警告的意思 |
| 蓝色 | 指令 |  | 表示指令，要求人们必须遵守的规定 |
| 绿色 | 提示 |  | 表示通行、安全和提供信息的意思 |

2. 对比色

对比色（反衬色）是两种颜色的色性相反，并列在一起可产生强烈的对比，能使安全色更加醒目。例如，红与白、黄与黑、蓝与白等。其通用规则如下：

（1）黄色安全色的对比色用黑色，其余红、蓝、绿的对比色均用白色。

（2）黑色用于安全标志的文字、图形符号和警告标志的几何图形边框。

（3）白色作为安全标志红、蓝、绿的背景色，也可以用于安全标志的文字和图形符号。

3. 对比色的相间条纹含义（见表5-2）

（1）红色与白色相间的条纹。禁止人们进入危险的环境。

（2）黄色与黑色相间的条纹。提示人们特别注意的意思。

（3）蓝色与白色相间的条纹。必须遵守规定的信息。

（4）绿色与白色相间的条纹。与提示标志牌同时使用，更为醒目的提示人们。

（5）对比色条纹必须依照表5-2制作，条纹倾斜角为45°，两种条纹宽度相等，一般宽度为50mm。

表 5-2 　　　　　　　　　　　　　　对比色的相间条纹

| 序号 | 名称 | 图　示 | 释　义 |
|---|---|---|---|
| 1 | 禁止条纹 | | 禁止人们进入危险的环境，用于禁止进入区域 |
| 2 | 警告条纹 | | 提示人们特别注意的意思，用于危险存在区域 |
| 3 | 指令条纹 | | 必须遵守规定的信息，用于强调提示信息 |
| 4 | 提示条纹 | | 与提示标志牌同时使用，更为醒目的提示人们 |

二、安全标志

安全标志能够提醒工作人员预防危险，从而避免事故发生；当危险发生时，能够指示人们尽快逃离，或者指示人们采取正确、有效、得力的措施，对危害加以遏制。

1. 标志分类

安全标志是由安全色、几何图形、符号和文字构成。安全标志包括禁止标志、警告标志、指令标志、提示标志，见表5-3。

表 5-3 　　　　　　　　　　　　　　安全标志

| 序号 | 名称 | 标　志 | 释　义 |
|---|---|---|---|
| 1 | 禁止标志 | | 禁止人们不安全行为的图形标志。几何图形是带斜杠的圆环，其中圆环与斜杠相连，用红色；图形符号用黑色，背景用白色 |
| 2 | 警告标志 | | 提醒人们对周围环境引起注意，以避免可能发生危险的图形标志。几何图形是黑色的正三角形、黑色符号和黄色背景 |

续表

| 序号 | 名称 | 标　　志 | 释　　义 |
|---|---|---|---|
| 3 | 指令标志 |  | 强制人们必须做出某种动作或采用防范措施的图形标志。几何图形是圆形，蓝色背景，白色图形符号 |
| 4 | 提示标志 |  | 向人们提供某种信息的图形标志。几何图形是方形，绿、红色背景，白色图形符号及文字 |

2. 标准色

标准色指企业为塑造独特的企业形象而确定的某一特定的色彩或一组色彩系统，运用在所有的视觉传达设计的媒体上，通过色彩特有的知觉刺激与心理反应，以表达企业的经营理念和产品服务的特质，见表5-4。

表 5-4　　　　　　　　　　企业标准色

| 序号 | 名　　称 | 图　　示 | 标　准　色　值 |
|---|---|---|---|
| 1 | 红色（RED） |  | C0 M100 Y100 K0 |
| 2 | 黑色（RLACK） |  | C0 MO YO K100 |
| 3 | 黄色（YELLOW） |  | C0 MO Y100 KO |
| 4 | 蓝色（BLUE） |  | C100 M0 YO K0 |
| 5 | 绿色（GREEN） |  | C100 MO Y100 KO |

3. 设置原则

（1）安全标志设置后，不应有造成人体任何伤害的潜在危险。

（2）周围环境有某种不安全的因素而需要用标志加以提醒时，应设置与安全有关的标志。

（3）醒目。标志应设在人们最容易看见的地方，要保证标志有足够的尺寸，并使其与背景间有明显的对比色。安全标志牌的尺寸见表5-5。

（4）便利。应从方便的角度按人员的正常流向考察人们初临一个新环境时或遇到紧急情况下所需的信息。

**表 5-5** 安全标志牌的尺寸 m

| 型号 | 观察距离L | 圆形标志的外径 | 三角形标志的外边长 | 正方形标志的边长 |
|---|---|---|---|---|
| 1 | 0＜L≤2.5 | 0.070 | 0.088 | 0.063 |
| 2 | 2.5＜L≤4.0 | 0.110 | 0.142 | 0.100 |
| 3 | 4.0＜L≤6.3 | 0.175 | 0.220 | 0.160 |
| 4 | 6.3＜L≤10.0 | 0.280 | 0.350 | 0.250 |
| 5 | 10.0＜L≤16.0 | 0.450 | 0.560 | 0.400 |
| 6 | 16.0＜L≤25.0 | 0.700 | 0.880 | 0.630 |
| 7 | 25.0＜L≤40.0 | 1.110 | 1.400 | 1.000 |

注：允许有3%的误差。

（5）要使导向标志和提示标志结合使用，远离目标时使用导向标志，在目标位置处使用提示标志以利辨别。

（6）协调。标志应与周围的环境协调。要根据周围环境因素选择标志的材质、颜色（对公共信息图形标志）及设置方式，使标志设置后能增加环境的美感。

（7）同一场所的各标志之间要相互协调，应尽量使在不同位置的标志保持高度、尺寸、材质及颜色（对公共信息图形标志）的统一。

4. 设置要求

（1）标志应设在与安全有关的醒目的位置。标志的正面或其邻近不得有妨碍公共视读的障碍物。标志不应设置在门、窗、架等可移动的物体上，也不应设置在经常被其他物体遮挡的地方。

（2）安装高度要求：

1）与人眼水平视线高度大体一致；

2）略高于人体身高；

3）局部信息标志的高度可根据具体场所的客观情况来确定。

（3）安装视觉要求：

1）标志的偏移距离X应尽量缩小。对于最大观察距离D的观察者，偏移角θ一般不宜大于5°，最大不应超过15°。

2）如果受条件限制，无法满足1）的要求，应适当加大标志的尺寸以满足醒目度的要求。

3）应尽可能使标志的观察角α接近90°，对于最大观察距离D的观察者，观察角α不应小于75°，如图5-1所示。

（4）多个标志牌一起设置时，应按警告、禁止、指令、提示标志的顺序，先左后右、先上后下地排列。

（5）在生产场所建筑物门口醒目位置，应根据内部设备、介质的安全要求，按规范设置相应的安全标志牌。如"必须戴安全帽"、"未经许可 不得入内"等。

（6）导向标志应设有便于人们选择目标方向的地点，并按通向目标的最佳路线布置。如目标较远，可以适当重复设置，在分岔处都应重复设置标志。

（7）提示标志应设在紧靠所说明的设施、单位的上方或侧面，或足以引起公众注意的与该设施、单位邻近的部位。

（8）危险和警告标志应设置在危险源前方足够远处，以保证观察者在首次看到标志及注意到此危险时有充足的时间，这一距离随不同情况而变化。例如，警告不要接触开关或其他电气设

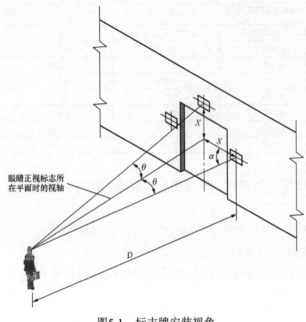

眼睛正视标志所
在平面时的视轴

图5-1　标志牌安装视角

备的标志，应设置在它们近旁，而运输道路上的标志，应设置于危险区域前方足够远的位置，以保证在到达危险区前就可观察到此警告，从而有所准备。

（9）有毒物品场所的醒目位置应设置《有毒物品场所职业病危害告知卡》（简称"告知卡"）。将作业岗位上所接触到的有毒物品的危害性告知员工，并提醒员工采取相应的预防和处理措施。"告知卡"应包括有毒物品的通用提示栏、有毒物品名称、健康危害、警告标识、指令标识、应急处理和理化特性等内容。

（10）已安装好的标志不应被任意移动，除非位置的变化有益于标志的警示作用。

# 第二节　禁　止　标　志

禁止标志是不准或制止人们的某种行为。

## 一、基本要求

1. 几何图形

（1）禁止标志的基本形式是一长方形衬底牌，上方是圆形带斜杠的禁止标志，下方为矩形补充标志，图形上、中、下间隙，左、右间隙相等。

（2）禁止标志的长方形衬底色为白色，圆形斜杠为红色，禁止标志符号为黑色，补充标志为红底白字、黑体字。

（3）可根据现场情况采用甲、乙、丙或丁种规格，特殊情况下按同比例扩大。

2. 几何尺寸

外径：$D=0.025L$；内径：$D_1=0.800D$；斜杠宽：$C=0.080D$；斜杠与水平线的夹角：$\alpha=45°$。$L$为观察距离（见表5-5）。

禁止标志的几何尺寸见表5-6和图5-2。

| 表 5-6 | 禁止标志的几何尺寸　（$\alpha=45°$） | | | | | mm |
|---|---|---|---|---|---|---|
| 几何尺寸<br>种类 | $A$ | $B$ | $A_1$ | $D(B_1)$ | $D_1$ | $C$ |
| 甲 | 500 | 400 | 115 | 305 | 244 | 24 |
| 乙 | 400 | 320 | 92 | 244 | 195 | 19 |
| 丙 | 300 | 240 | 69 | 183 | 146 | 14 |
| 丁 | 200 | 160 | 46 | 122 | 98 | 10 |

图5-2 禁止标志几何尺寸

3. 图形颜色

禁止标志的标准色：红色（RED），C0 M100 Y100 K0；黑色（BLACK），C0 M0 Y0 K100。

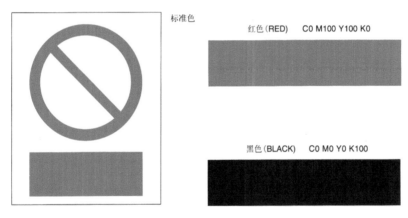

图5-3 禁止标志

## 二、常用的禁止标志

常用的禁止标志见图5-4～图5-24。

图5-4 禁止烟火

图5-5 氢冷机组 严禁烟火

图5-6 禁止带火种

图5-7　禁止攀登 高压危险

图5-8　禁止合闸 有人工作

图5-9　禁止合闸 线路有人工作

图5-10　禁止抛物

图5-11　禁止穿带钉鞋

图5-12　禁止拍照

图5-13　禁止操作 有人工作

图5-14　禁止乘人

图5-15　禁止戴手套

图5-16　禁止跨越

图5-17　禁止吸烟

图5-18　禁止入内

图5-19　禁止游泳

图5-20　禁止使用无线通信

图5-21　禁止通行

图5-22　禁止使用雨伞

图5-23　禁止钓鱼

图5-24　禁止捕鱼

三、禁止标志的设置（见表5-7）

表 5-7　　　　　　　　　　　　　　　禁止标志的设置

| 序号 | 名　　称 | 标志 | 应　用　场　所 |
|---|---|---|---|
| 1 | 禁止烟火 | 见图5-4 | （1）悬挂在卸油站台（码头）、燃料油罐区域、制粉系统周围场所。<br>（2）悬挂在油库大门旁和有人出入通道口旁以及四周围墙外壁上。<br>（3）悬挂在蓄电池室门上。<br>（4）悬挂在厂内、站内储存易燃、易爆物品仓库门口。<br>（5）悬挂在厂内、站内木工房、油漆场所、油处理室、汽车库内及汽车修理场所。<br>（6）悬挂在变电站控制室、保护仪表盘等门口和室内。<br>（7）悬挂在主机房、计算机房、档案室入口处。<br>（8）悬挂在制氢站、储氢罐区大门旁和有人出入通道口旁以及四周围墙外壁上。<br>（9）标志牌底边距地面高1.5m左右 |
| 2 | 氢冷机组<br>严禁烟火 | 见图5-5 | 悬挂在氢冷发电机组主厂房0m层，运转层入口处和氢冷设备周围围栏、墙壁或柱子上 |
| 3 | 禁止带火种 | 见图5-6 | （1）悬挂在制氢站、油库大门和入口处。<br>（2）悬挂在厂内、站内储存易燃易爆物品仓库入口处。<br>（3）标志牌底边距地面高1.5m左右 |
| 4 | 禁止攀登<br>高压危险 | 见图5-7 | （1）悬挂在户外高压配电装置构架的爬梯上。<br>（2）悬挂在变压器、电抗器等设备的爬梯上。<br>（3）悬挂在架空电力线路杆塔爬梯上。<br>（4）标志牌底边距地面1.5～3.0m |
| 5 | 禁止合闸<br>有人工作 | 见图5-8 | （1）悬挂在一经合闸即可送电到已停电检修（施工）设备的断路器和隔离开关的操作把手上。<br>（2）悬挂在控制室内已停电检修（施工）设备的电源开关或合闸按钮上。<br>（3）悬挂在控制屏上的标志牌可根据实际需要制作，可以只有文字，没有图形 |

续表

| 序号 | 名　　称 | 标志 | 应 用 场 所 |
|---|---|---|---|
| 6 | 禁止合闸<br>线路有人工作 | 见图5-9 | 悬挂在已停电检修的（施工）电力线路的断路器或隔离开关的操作把手上 |
| 7 | 禁止抛物 | 见图5-10 | （1）悬挂在高处作业施工现场和建筑物上施工、脚手架上、电线杆上等处。<br>（2）悬挂在抛物易伤人的地点。例如，高处作业现场、深沟（坑）等 |
| 8 | 禁止穿带钉鞋 | 见图5-11 | （1）悬挂在有静电火花会导致灾害或有触电危险的作业场所。例如，有易燃易爆气体或粉尘的车间及带电作业场所。<br>（2）悬挂在制氢站、储油库、加油站等入口处 |
| 9 | 禁止拍照 | 见图5-12 | 必要时悬挂在集控室、网控室、调度室等重要场所 |
| 10 | 禁止操作<br>有人工作 | 见图5-13 | （1）悬挂在已停运检修隔离管道系统的阀门操作手轮上。<br>（2）悬挂在已停运检修隔离烟风系统的挡板手柄上 |
| 11 | 禁止乘人 | 见图5-14 | （1）悬挂在乘人易造成伤害的设施。例如，室外运输吊篮、外操作载货电梯框架等。<br>（2）悬挂在专用载货的升降吊笼、升降机上和入口门旁 |
| 12 | 禁止戴手套 | 见图5-15 | （1）悬挂在戴手套易造成手部伤害的作业地点。例如，旋转的机械加工设备附近。<br>（2）悬挂在车床、钻床、铣床、磨床等所有旋转机床和所有旋转机械的作业场所 |
| 13 | 禁止跨越 | 见图5-16 | （1）悬挂在禁止跨越的危险地段。例如，专用的运输通道、带式输送机和其他作业流水线，作业现场的沟、坎、坑等。<br>（2）悬挂在皮带、热力管道、深坑等危险场所，面向行人 |
| 14 | 禁止吸烟 | 见图5-17 | （1）悬挂在有火灾危险物质的场所和禁止吸烟的公共场所等。例如，木工车间、油漆车间、沥青车间、纺织厂、印染厂等。<br>（2）悬挂在火灾危险性设备的建筑物上。例如，变压器室、控制室、继电保护室、自动和远动装置室。<br>（3）悬挂在其他禁止吸烟的地方 |
| 15 | 禁止入内 | 见图5-18 | （1）悬挂在易造成事故或对人员有伤害的场所。例如，高压设备室、各种污染源等入口处。<br>（2）悬挂在主控、网控、计算机、通信、调度室和变电站出入口门上。<br>（3）悬挂在继电保护室、配电设备室等出入口门上 |
| 16 | 禁止游泳 | 见图5-19 | （1）悬挂在禁止游泳的水域。<br>（2）悬挂在禁止游泳的喷水池、凉水塔区域、开式循环水泵出入口处。<br>（3）悬挂在装卸货物的码头上。<br>（4）悬挂在水库区域（上下游禁区范围内） |
| 17 | 禁止使用<br>无线通信 | 见图5-20 | （1）悬挂在火灾、爆炸场所以及可能产生电磁干扰的场所。例如，制氢站、加油站、油库、化工装置区等。<br>（2）悬挂在微机保护设备、高频保护室和其他需要禁止使用的地方 |
| 18 | 禁止通行 | 见图5-21 | （1）悬挂在有危险的作业区。例如，起重、爆破现场，道路施工工地等。<br>（2）悬挂在检修现场围栏旁。<br>（3）悬挂在禁止通行的检修现场入口处 |
| 19 | 禁止使用雨伞 | 见图5-22 | 悬挂在开关场、变电站各入口处 |
| 20 | 禁止钓鱼 | 见图5-23 | 悬挂在储水池、水坝等有水区域处 |
| 21 | 禁止捕鱼 | 见图5-24 | 悬挂在储水池、水坝等有水区域处 |

# 第三节　警　告　标　志

警告标志是促使人们提高对可能发生危险的警惕性。

一、基本要求

1. 几何图形

（1）警告标志的基本形式是一长方形衬底牌，上方是正三角形警告标志，下方为矩形补充标志，图形上、中、下间隙，左、右间隙相等。

（2）警告标志的长方形衬底为白色，正三角形及标志符号为黑色，衬底为黄色，矩形补充标志为黑框黑体字，字为黑色、白色衬底。

（3）可根据现场情况采用甲、乙、丙或丁种规格。

2. 几何尺寸

外边：$A_1=0.034L$；内边：$A_2=0.700A_1$；边框外角圆弧半径：$r=0.080A_2$。$L$为观察距离（见表5-5）。

警告标志的几何尺寸见表5-8和图5-25。

表 5-8 　　　　　　　　　警告标志的几何尺寸 　　　　　　　　　mm

| 种类＼几何尺寸 | $A$ | $B$ | $B_1$ | $A_3$ | $A_1$ |
|---|---|---|---|---|---|
| 甲 | 500 | 400 | 305 | 115 | 213 |
| 乙 | 400 | 320 | 244 | 92 | 170 |
| 丙 | 300 | 240 | 183 | 69 | 128 |
| 丁 | 200 | 160 | 122 | 46 | 85 |

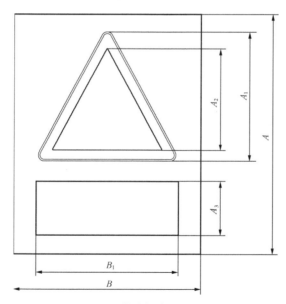

图5-25　警告标志几何尺寸

3. 图形颜色

警告标志的标准色：黄色（YELLOW），C0 M0 Y100 K0；黑色（BLACK），C0 M0 Y0 K100，见图5-26。

标准色

黄色（YELLOW） C0 M0 Y100 K0

黑色（BLACK） C0 M0 Y0 K100

图5-26　警告标志图形颜色

## 二、常用的警告标志

常用的警告标志见图5-27～图5-41。

图5-27　注意安全

图5-28　当心触电

图5-29　当心火车

图5-30　当心中毒

图5-31　当心坑洞

图5-32　当心腐蚀

图5-33　当心吊物

图5-34　当心坠落

图5-35　当心落物

图5-36　当心落水

图5-37　当心辐射

图5-38　止步 高压危险

图5-39　当心滑倒

图5-40　当心绊倒

图5-41　当心爆炸

## 三、警告标志的设置（见表5-9）

表 5-9　　　　　　　　　　　　警告标志的设置

| 序号 | 名　称 | 标志 | 应 用 场 所 |
|---|---|---|---|
| 1 | 注意安全 | 见图5-27 | （1）悬在易造成人员伤害的场所；<br>（2）悬挂在施工现场及危险区域入口处 |
| 2 | 当心触电 | 见图5-28 | （1）悬挂在有可能发生触电危险的电气设备和线路。例如，配电室、开关等；<br>（2）悬挂在临时电源配电箱上 |
| 3 | 当心火车 | 见图5-29 | （1）悬挂在厂内铁路与道路平交路口、厂（矿）内铁路运输线等；<br>（2）悬挂在专用铁路与汽车通道及人行通道交叉道口 |
| 4 | 当心中毒 | 见图5-30 | （1）悬挂在剧毒品及有毒物质的生产、储运及使用场所；<br>（2）悬挂在装有剧毒品及有毒物质的容器上 |
| 5 | 当心坑洞 | 见图5-31 | （1）悬挂在具有坑洞易造成伤害的作业地点。例如，构件的预留孔洞及各种深坑的上方等；<br>（2）悬挂在生产现场和通道临时开启或挖掘孔洞四周的围栏上 |
| 6 | 当心腐蚀 | 见图5-32 | （1）悬挂在有腐蚀性物质的作业地点。例如，存放和装卸酸、碱物品的场所；<br>（2）悬挂在装有腐蚀性物质的容器上 |
| 7 | 当心吊物 | 见图5-33 | （1）悬挂在有吊装设备作业的场所。例如，施工工地、码头、仓库、车间等；<br>（2）悬挂在各种起吊设备的明显部位 |
| 8 | 当心坠落 | 见图5-34 | （1）悬挂在易发生坠落事故的作业地点。例如，高处平台、地面的深沟（池、槽）、建筑施工、高处作业场所等；<br>（2）悬挂在高处作业搭设的脚手架栏杆上 |
| 9 | 当心落物 | 见图5-35 | 悬挂在易发生落物的地点。例如，高处作业、立体交叉作业的下方等 |
| 10 | 当心落水 | 见图5-36 | （1）悬挂在落水后可能产生淹溺的场所或部位。例如，河流、消防水池等；<br>（2）悬挂在码头、栈桥上 |
| 11 | 当心辐射 | 见图5-37 | （1）悬挂在有可能产生辐射危害的作业场所；<br>（2）悬挂在存放辐射源的地方 |

续表

| 序号 | 名　称 | 标志 | 应 用 场 所 |
|---|---|---|---|
| 12 | 止步 高压危险 | 见图5-38 | （1）悬挂在室外带电设备工作地点的安全围栏上；<br>（2）悬挂在因高压危险禁止通行的过道上；<br>（3）悬挂在高压试验地点安全围栏上；<br>（4）悬挂在室外带电设备构架上；<br>（5）悬挂在工作地点临近带电设备的横梁上；<br>（6）悬挂在室外带电设备固定围栏上 |
| 13 | 当心滑倒 | 见图5-39 | 悬挂在地面有易造成伤害的滑跌地点。例如，地面有油、冰、水等物质及滑坡处 |
| 14 | 当心绊倒 | 见图5-40 | （1）悬挂在容易绊倒的地方。例如，坎、地面管道等处；<br>（2）悬挂在施工临时设施容易绊倒的地方 |
| 15 | 当心爆炸 | 见图5-41 | （1）悬挂在易发生爆炸的场所，例如，易燃易爆物质的产生、储运、使用或受压容器等地点；<br>（2）悬挂在氧气、乙炔存放处，或有爆炸危险源的地方 |

# 第四节　指　令　标　志

指令标志是强制人们必须做出某种动作或采取防范措施的图形标志。

## 一、基本要求

1. 几何图形

（1）指令标志的基本形式是一长方形衬底牌，上方是圆形的指令标志，下方为矩形补充标志，图形上、中、下间隙，左、右间隙相等。

（2）指令标志的长方形衬底为白色，圆形衬底色为蓝色，标志符号为白色，矩形补充标志为蓝色框和白色字符，字为黑体。

（3）可根据现场情况采用甲、乙、丙或丁种规格。

2. 几何尺寸（见表5-10和图5-42）

直径：$D=0.025L$；$L$为观察距离（见表5-5）。

表 5-10　　　　　　　　　　　　指令标志牌的几何尺寸　　　　　　　　　　　　mm

| 几何尺寸<br><br>种类 | $A$ | $B$ | $A_1$ | $D(B_1)$ |
|---|---|---|---|---|
| 甲 | 500 | 400 | 115 | 305 |
| 乙 | 400 | 320 | 92 | 244 |
| 丙 | 300 | 240 | 69 | 183 |
| 丁 | 200 | 160 | 46 | 122 |

3. 图形颜色

指令标志的标准色：蓝色（BLUE），C100 M0 Y0 K0，见图5-43。

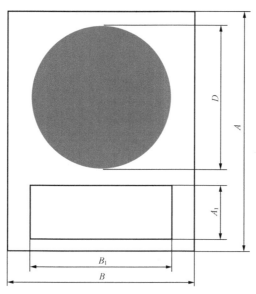

图5-42 指令标志几何尺寸

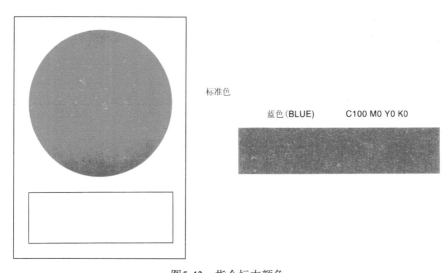

图5-43 指令标志颜色

## 二、常用的指令标志（见图5-44~图5-53）

图5-44 必须戴安全帽

图5-45 必须系安全带

图5-46 必须戴防护眼镜

图5-47　必须戴防护帽　　　图5-48　注意通风　　　图5-49　必须戴防护手套

图5-50　必须戴防尘口罩　图5-51　必须穿救生衣　　图5-52　注意穿防护服　图5-53　必须戴护耳器

### 三、指令标志的设置（见表5-11）

表5-11　　　　　　　　　　　　　指令标志的设置

| 序号 | 名　称 | 标志 | 应 用 场 所 |
|---|---|---|---|
| 1 | 必须戴安全帽 | 见图5-44 | （1）悬挂在头部易受外力伤害的作业场所，例如，建筑工地、起重吊装处等；<br>（2）悬挂在生产场所主要通道入口处 |
| 2 | 必须系安全带 | 见图5-45 | （1）悬挂在易发生坠落危险的作业场所。例如，高处建筑、修理、安装等地点；<br>（2）悬挂在高差2m周围没有设置防护围栏的作业地点 |
| 3 | 必须戴防护眼镜 | 见图5-46 | （1）悬挂在对眼睛有伤害的各种作业场所和施工场所；<br>（2）悬挂在车床、钻床、砂轮机旁；<br>（3）悬挂在焊接和金属切割工作场所；<br>（4）悬挂在化学处理、使用腐蚀剂或其他有害物品的场所 |
| 4 | 必须戴防护帽 | 见图5-47 | （1）悬挂在易造成人体碾绕伤害或有粉尘污染头部的作业场所。例如，纺织、石棉、玻璃纤维等；<br>（2）悬挂在旋转设备的机加工车间入口处 |
| 5 | 注意通风 | 见图5-48 | （1）悬挂在作业涵洞、电缆隧道、地下室入口处；<br>（2）悬挂在密闭工作场所入口；<br>（3）悬挂在六氟化硫开关室、蓄电池室、油化验室入口处及其他需要通风的地方 |
| 6 | 必须戴防护手套 | 见图5-49 | 悬挂在易伤害手部的作业场所。例如，具有腐蚀、污染、灼烫等危险的作业地点 |
| 7 | 必须戴防尘口罩 | 见图5-50 | （1）悬挂在具有粉尘的作业场所。例如，纺织清花车间、粉状物料拌料车间等；<br>（2）悬挂在煤、粉、灰等作业现场；<br>（3）悬挂在油漆作业等有可能造成有害物质的区域 |
| 8 | 必须穿救生衣 | 见图5-51 | （1）悬挂在易发生溺水的作业场所。例如，船舶、海上工程结构物等；<br>（2）悬挂在水上作业场所。例如，灰坝溢流并作业、防洪并作业、水上设施作业等处 |
| 9 | 注意穿防护服 | 见图5-52 | 悬挂在具有可能造成人身烫伤的作业场所。例如，锅炉打焦等 |
| 10 | 必须戴护耳器 | 见图5-53 | 悬挂在噪声超过85dB的作业场所。例如，铆接车间、织布车间等 |

# 第五节 提 示 标 志

提示标志是向人们提供某种信息（如标明安全设施或场所等）的图形标志。

## 一、基本要求

### 1. 几何图形

（1）提示标志的基本形式是正方形衬底牌，内为圆形提示标志，四周间隙相等。

（2）提示标志圆形为白色，黑体黑色字，衬底色为绿色。

### 2. 几何尺寸

边长：$A=0.025L$；$L$为观察距离（见表5-5）。

提示标志的几何尺寸：$A=250mm$，$D=200mm$或$A=150mm$，$D=120mm$，见图5-54。

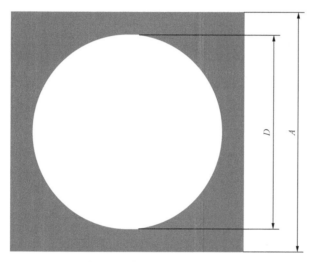

图5-54 提示标志几何尺寸

### 3. 图形颜色

提示标志的标准色：绿色（GREEN），C100 M0 Y100 K0，见图5-55。

标准色

绿色（GREEN） C100 M0 Y100 K0

图5-55 提示标志颜色

## 二、常用的提示标志（见图5–56和图5–57）

图5-56　从此上下

图5-57　在此工作

## 三、提示标志的设置（见表5–12）

表 5-12　　　　　　　　　　　提示标志的设置

| 序号 | 名　称 | 标　志 | 应　用　场　所 |
|---|---|---|---|
| 1 | 从此上下 | 见图6-56 | 悬挂在现场工作人员可以上下的铁架、爬梯上 |
| 2 | 在此工作 | 见图6-57 | 悬挂在工作地点或检修设备上 |

# 第六章 厂内消防标志

## 第一节 概 述

消防标志是用于指明企业内部的消防设施和火灾报警位置，以及指明如何使用这些设施。消防标志主要有：火灾报警标志、紧急疏散标志、消防设施标志、火灾爆炸标志、方向辅助标志、文字辅助标志。几何图形有正方形、长方形、三角形、圆环加斜线四种形式。

### 一、消防标志

#### 1. 几何图形

（1）正方形。正方形图形尺寸以观察距离$D$为基准，计算方法：边长$a=0.025D$。常见的消防标志有：火灾报警标志、紧急疏散标志、消防设施标志、方向辅助标志，如图6-1所示。

（2）三角形。三角形图形尺寸以观察距离$D$为基准。几何尺寸：内边：$a=0.035D$；边框宽：$c=0.124a$；圆角半径：$r=0.080a$。常见的消防标志有：火灾爆炸的提示类标志，如图6-2所示。

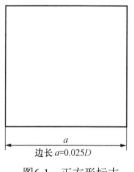

图6-1 正方形标志

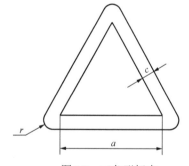

图6-2 三角形标志

（3）圆环加斜线。圆环加斜线图形尺寸以观察距离$D$为基准。几何尺寸：内径：$d_1=0.028D$；外径：$d_2=1.25d_1$；斜线宽：$c=0.100d_1$；斜线与水平线的夹角$\alpha=45°$。常见的消防标志有：禁止类标志，如图6-3所示。

（4）长方形。长方形图形尺寸以观察距离$D$为基准。几何尺寸：短边：$a=0.025D$；长边：$b=1.60a$。常见的消防标志有：方向辅助标志、文字辅助标志，如图6-4所示。

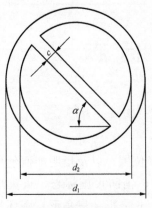

图6-3　圆环和斜线标志

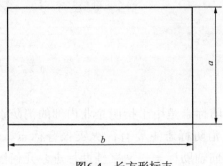

图6-4　长方形标志

2. 消防标志的尺寸（见表6-1）

表 6-1　　　　　　　　　　　　　消防标志的尺寸　　　　　　　　　　　　　mm

| 序号 | 观察距离$D$ | 正方形标志的边长$a$<br>长方形标志的短边$a$ | 三角形标志的<br>内边$a$ | 圆环标志的<br>内径$d_1$ |
|---|---|---|---|---|
| 1 | $0 < D \leq 2.5$ | 0.063 | 0.088 | 0.070 |
| 2 | $2.5 < D \leq 4.0$ | 0.100 | 0.140 | 0.110 |
| 3 | $4.0 < D \leq 6.3$ | 0.160 | 0.220 | 0.175 |
| 4 | $6.3 < D \leq 10.0$ | 0.250 | 0.350 | 0.280 |
| 5 | $10.0 < D \leq 16.0$ | 0.400 | 0.560 | 0.450 |
| 6 | $16.0 < D \leq 25.0$ | 0.630 | 0.880 | 0.700 |
| 7 | $25.0 < D \leq 40.0$ | 1.000 | 1.400 | 1.110 |

二、消防标志的制作

（1）消防标志牌应按标准尺寸来制作。

（2）消防标志牌应自带衬底色。用其边框颜色的对比色将边框周围勾一窄边即为标志的衬底色。没有边框的标志，则用外缘颜色的对比色。除警告标志用黄色勾边外，其他标志用白色。衬底色最少宽2mm，最多宽10mm。

（3）消防标志牌应用坚固耐用的材料制作，如金属板、塑料板、木板等。用于室内的消防标志牌可用粘贴力强的不干胶材料制作。对于照明条件差的场合，标志牌可用荧光材料制作，还可以加上适当照明。

（4）消防标志牌应无毛刺和孔洞，有触电危险场所的标志牌应使用绝缘材料制作。

三、消防标志的设置

（1）消防标志设置在醒目、与消防安全有关的地方，并使人们看到后有足够的时间注意它所表示的意义。

（2）消防标志不应设置在本身移动后可能遮盖标志的物体上，同样也不应设置在容易被移动的物体遮盖的地方。

（3）难以确定消防标志的设置位置，应征求消防监督机构的意见。

# 第二节　火灾报警标志

火灾报警标志有消防手动启动器、发声警报器、火警电话。

## 一、基本要求

（1）几何图形。正方形，衬底色为红色，图案为白色，字体为白色黑体，如图6-1所示。

（2）几何尺寸。以观察距离$D$为基准，计算方法：边长$a = 0.025D$，见表6-2。

| 表 6-2 | | | 火灾报警标志的尺寸 | | | | mm |
|---|---|---|---|---|---|---|---|
| 观察距离$D$ | $0 < D \leqslant 2.5$ | $2.5 < D \leqslant 4.0$ | $4.0 < D \leqslant 6.3$ | $6.3 < D \leqslant 10.0$ | $10.0 < D \leqslant 16.0$ | $16.0 < D \leqslant 25.0$ | $25.0 < D \leqslant 40.0$ |
| 正方形标志的边长$a$ | 0.063 | 0.100 | 0.160 | 0.250 | 0.400 | 0.630 | 1.000 |

（3）图形颜色。红色（RED），C0 M100 Y100 K0，如图6-5所示。

图6-5　火灾报警和手动控制装置标志的标准色

## 二、常用的火灾报警标志

常用的火灾报警标志见图6-6～图6-8。

图6-6　消防手动启动器　　　图6-7　发声警报器　　　图6-8　火警电话

三、火灾报警标志的设置（见表6-3）

**表 6-3**　　　　　　　　　　　　　火灾报警标志的设置

| 序号 | 名　称 | 标　志 | 应　用　场　所 |
|---|---|---|---|
| 1 | 消防手动启动器 | 见图6-6 | 指示火灾报警系统或固定灭火系统等的手动启动器 |
| 2 | 发声警报器 | 见图6-7 | 可单独用来指示发声警报器，也可与"消防手动启动器"标志一起使用，指示该手动启动装置是启动发声警报器的 |
| 3 | 火警电话 | 见图6-8 | 指示在发生火灾时，可用来报警的电话及电话号码 |

# 第三节　紧急疏散标志

　　紧急疏散标志是指火灾时疏散途径的标志。通常有提示类标志、禁止类标志、导向类标志等形式。其中，提示类标志有紧急出口、滑动开门、推开、拉开、击碎板面；禁止类标志有禁止阻塞、禁止锁闭；导向类标志有安全箭头、紧急疏散指示条、紧急出口门套指示条、防障碍物指示条等。

一、提示类标志

1. 基本要求

（1）几何图形。正方形，衬底色为绿色，图案为白色，字体为白色黑体。如图6-1所示。

（2）几何尺寸。以观察距离 $D$ 为基准，计算方法：边长 $a=0.025D$，见表6-2。

（3）图形颜色。绿色（GREEN），C100 M0 Y100 K0，如图6-9所示。

图6-9　提示类标志的标准色

2. 常用的提示类标志（见图6-10～图6-13）

（a）

（b）

图6-10　紧急出口标志

（a）左转紧急出口；（b）右转紧急出口

（a）

（b）

图6-11　滑动开门

（a）向右滑动开门；（b）向左滑动开门

（a）

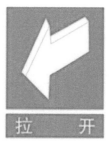
（b）

图6-12　手动开门

（a）推开门；（b）拉开门

图6-13　击碎板面

3. 提示类标志的设置（见表6-4）

表 6-4　　　　　　　　　　　提示类标志的设置

| 序号 | 名称 | 标志 | 应用场所 |
|---|---|---|---|
| 1 | 紧急出口 | 见图6-10 | 指示在发生火灾等紧急情况下，可使用的一切出口。在远离紧急出口的地方，应与"疏散通道方向"标志联用，以指示到达出口的方向 |
| 2 | 滑动开门 | 见图6-11 | 指示装有滑动门的紧急出口。箭头指示该门的开启方向 |
| 3 | 推开 | 见图6-12（a） | 本标志置于门上，指示门的开启方向 |
| 4 | 拉开 | 见图6-12（b） | 本标志置于门上，指示门的开启方向 |
| 5 | 击碎板面 | 见图6-13 | （1）必须击碎玻璃板才能拿到钥匙或拿到开门工具。<br>（2）必须击碎板面才能制造一个出口 |

二、禁止类标志

1. 基本要求

（1）几何图形。标志为长方形，衬底色为白色，圆形和斜杠为红色，文字辅助标志为红底白字、黑体字，如图6-3所示。

（2）几何尺寸（见表6-5）。以观察距离$D$为基准。内径：$d_1=0.028D$；外径：$d_2=1.25d_1$；斜线宽：$c=0.100d_1$；斜线与水平线的夹角$\alpha=45°$。

表 6-5                     禁止类标志的尺寸                                    mm

| 观察距离D | 0<D≤2.5 | 2.5<D≤4.0 | 4.0<D≤6.3 | 6.3<D≤10.0 | 10.0<D≤16.0 | 16.0<D≤25.0 | 25.0<D≤40.0 |
|---|---|---|---|---|---|---|---|
| 圆环标志的内径$d_1$ | 0.070 | 0.110 | 0.175 | 0.280 | 0.450 | 0.700 | 1.110 |

（3）图形颜色。红色（RED），C0 M100 Y100 K0，见图6-14。

图6-14   禁止类标志的标准色

2. 常用的禁止类标志（见图6-15和图6-16）

图6-15   禁止阻塞标志

图6-16   禁止锁闭标志

3. 禁止类标志的设置（见表6-6）

表 6-6                     禁止类标志的设置

| 序号 | 名　　称 | 标　　志 | 应 用 场 所 |
|---|---|---|---|
| 1 | 禁止阻塞 | 见图6-15 | 表示阻塞（疏散途径或通向灭火设备的道路等）会导致危险 |
| 2 | 禁止锁闭 | 见图6-16 | 表示紧急出口、房门等禁止锁闭 |

### 三、导向类标志

1. 基本要求

（1）紧急疏散导向类标志分为紧急疏散指示条、紧急出口门套指示、防障碍物指示。

其几何图形为条形，图案为绿色。

（2）采用强余辉蓄光、自发光材料制作消防紧急疏散标志，标志规格如下：

1）紧急疏散指示条（发光状态）：宽度为100mm；或者为82mm；

2）紧急出口门套指示：宽度为100mm；或者为82mm；

3）防障碍物指示（发光状态）：宽度为100mm；或者为82mm。

2. 常用的导向类标志（见图6-17～图6-20）

图6-17 安全箭头

图6-18 紧急疏散指示条（发光状态）

图6-19 紧急出口门套指示

图6-20 防障碍物指示（发光状态）

3. 导向类标志的设置（见表6-7）

表 6-7　　　　　　　　　　　　　　导向类标志的设置

| 序号 | 名　称 | 标　志 | 应 用 场 所 |
|---|---|---|---|
| 1 | 安全箭头 | 见图6-17 | （1）用于指导安全行进方向的通道上；<br>（2）用于电缆隧道指向最近出口处 |
| 2 | 紧急疏散指示条 | 见图6-18 | 安装在每层人员进出通道两侧的墙壁下方距地面30～100cm处 |
| 3 | 紧急出口门套指示条 | 见图6-19 | 安装在紧急出口门四周 |
| 4 | 防障碍物指示条 | 见图6-20 | 安装在人员正常行走通道内障碍物的四周 |

## 第四节 消防设施标志

消防设施是指建（构）筑物内设置的火灾自动报警系统、自动喷水灭火系统、消火栓系统等用于防范和扑救火灾的设备设施的总称。常用的消防设施有消火栓、灭火器（箱）、消防器材等。

灭火器又称灭火筒，是一种可携式灭火工具。灭火器内放有化学物品，用以救灭火情。常用的灭火器有1211灭火器、二氧化碳灭火器、泡沫灭火器、干粉灭火器等，适用范围见表6-8。

表6-8　　　　　　　　　　　　　　灭火器适用范围

| 火 警 类 别 | 灭火器种类 | | | |
|---|---|---|---|---|
| | 1211 | 二 氧 化 碳 | 泡 沫 | 干 粉 |
| 纸张、木材、纺织品及布料 | √ | — | √ | √ |
| 易燃液体 | √ | √ | √ | √ |
| 易燃气体 | √ | √ | — | √ |
| 电气设备 | √ | √ | — | √ |
| 汽车 | √ | √ | √ | √ |

### 一、基本要求

（1）几何图形。正方形，衬底色为红色，图案为白色，字体为白色黑体，如图6-1所示。

（2）几何尺寸。以观察距离$D$为基准，计算方法：边长$a=0.025D$，见表6-2。

（3）图形颜色。红色（RED），C0 M100 Y100 K0，见图6-5。

### 二、常用的消防设施标志（见图6-21～图6-30）

图6-21　灭火设备

图6-22　灭火器

图6-23　消防水带

图6-24　地上消火栓

图6-25　地下消火栓

图6-26　消防水泵接合器

图6-27　消防梯

图6-28　灭火器箱

图6-29　灭火器标志

  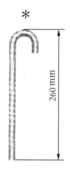

图6-30　消火栓标志

*用于打碎消火栓玻璃门的应急工具，可用φ16mm钢筋制作

## 三、消防设施标志的设置（见表6-9）

表 6-9　　　　　　　　　　　消防设施标志的设置

| 序号 | 名　　　称 | 标　　志 | 应　用　场　所 |
|---|---|---|---|
| 1 | 灭火设备 | 见图6-21 | 指示灭火设备集中存放的位置 |
| 2 | 灭火器 | 见图6-22 | （1）悬挂在灭火器、灭火器箱的上方；<br>（2）悬挂在灭火器、灭火器箱存放的通道上 |
| 3 | 消防水带 | 见图6-23 | 指示消防水带、软管卷盘或消火栓箱的位置 |
| 4 | 地上消火栓 | 见图6-24 | （1）指示地上消火栓的位置；<br>（2）标志应固定在距离消火栓1m的范围内，不得影响消火栓的使用；<br>（3）标志牌应固定在标志杆上，标志杆高度1～2m |

续表

| 序号 | 名　称 | 标　志 | 应　用　场　所 |
|---|---|---|---|
| 5 | 地下消火栓 | 见图6-25 | （1）指示地下消火栓的位置。<br>（2）标志应固定在距离消防栓1m的范围内，不得影响消防栓的使用。<br>（3）标志牌固定在标志杆上，标志牌高度1～2m |
| 6 | 消防水泵接合器 | 见图6-26 | 指示消防水泵接合器的位置 |
| 7 | 消防梯 | 见图6-27 | 指示消防梯的位置 |
| 8 | 灭火器箱 | 见图6-28 | （1）灭火器箱外表面应为大红色，正面上应用直观、醒目的字体标注"灭火器箱"字样。字的颜色为白色。<br>（2）灭火器箱箱门采用玻璃时，字的颜色为红色。字体不小于60mm×40mm。<br>（3）翻盖式灭火器箱宜在翻盖上标注其开启方向。<br>（4）灭火器箱前面板示范：灭火器箱、火警电话、企业电话、编号等字样 |
| 9 | 消火栓箱 | 见图6-30 | （1）消火栓箱前面板示范：标注消火栓、火警电话和企业电话及编号等字样。<br>（2）结构：四周为木质或其他金属材料制作，面部为玻璃材料。<br>（3）应急工具：侧面应悬挂一粗钢筋制成的小锤 |
| 10 | 灭火器 | 见图6-29 | 见表6-8 |

### 四、消防器材架体

消防器材是指用于灭火、防火以及火灾事故的器材。企业常用的消防器材有灭火器、消防锹、消防桶、消防钩、消防水池、消防砂池等。为保证对消防器材的统一规范管理，按"四四"配置原则（四个灭火器、四把消防锹、四个消防桶、四把消防钩），集中对消防器材进行存放，通常制作一个消防器材架子。

消防器材的架体采用金属材料制作，红色漆饰面，两侧设消防砂池和消防水池，架体上张贴"消防领导小组"、"消防知识"和"应急预案"，如图6-31所示。

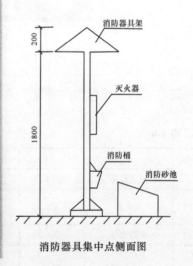

消防器具集中点侧面图

图6-31　消防器材架体

# 第五节 火灾爆炸标志

火灾爆炸标志安装在具有火灾、爆炸危险的地方或物质处。常见的火灾爆炸标志分为警告类标志、禁止类标志两种形式，其中，警告类标志有：当心火灾——易燃物质、当心火灾——氧化物、当心爆炸——爆炸性物质；禁止类标志有：禁止用水灭火、禁止吸烟、禁止烟火、禁止放易燃物、禁止带火种、禁止燃放鞭炮等。

### 一、火灾爆炸标志——警告类标志

**1. 基本要求**

（1）几何图形。标志为长方形，衬底为白色，正三角形及标志符号为黑色，衬底为黄色，文字辅助标志为黄底黑字、黑体字，如图6-2所示。

（2）几何尺寸。以观察距离$D$为基准。三角形的内边：$a=0.035D$；边框宽：$c=0.124a$；圆角半径：$r=0.080a$，见表6-10。

| 表6-10 | | 火灾爆炸警告类标志的尺寸 | | | | mm |
|---|---|---|---|---|---|---|
| 观察距离$D$ | $0<D\leqslant2.5$ | $2.5<D\leqslant4.0$ | $4.0<D\leqslant6.3$ | $6.3<D\leqslant10.0$ | $10.0<D\leqslant16.0$ | $16.0<D\leqslant25.0$ | $25.0<D\leqslant40.0$ |
| 三角形标志的内边$a$ | 0.088 | 0.140 | 0.220 | 0.350 | 0.560 | 0.880 | 1.400 |

（3）图形颜色。黄色（YELLOW），C0 M0 Y100 K0；黑色（RLACK），C0 M0 Y0 K100，如图6-32所示。

标准色

黄色（YELLOW）C0 M0 Y100 K0

黑色（BLACK）C0 M0 Y0 K100

图6-32 火灾爆炸警告类标志

2. 常用的火灾爆炸警告类标志（见图6-33～图6-35）

图6-33　当心易燃物质

图6-34　当心氧化物

图6-35　当心爆炸

3. 火灾爆炸警告类标志的设置（见表6-11）

表 6-11　　　　　　　　　　　　火灾爆炸警告类标志的设置

| 序号 | 名　称 | 标　志 | 应 用 场 所 |
|---|---|---|---|
| 1 | 当心火灾——易燃物质 | 见图6-33 | 警告人们有易燃物质，要当心火灾 |
| 2 | 当心火灾——氧化物 | 见图6-34 | 警告人们有易氧化的物质，要当心因氧化而着火 |
| 3 | 当心爆炸——爆炸性物质 | 见图6-35 | 警告人们有可燃气体、爆炸物或爆炸性混合气体，要当心爆炸 |

## 二、火灾爆炸标志——禁止类标志

1. 基本要求

（1）几何图形。标志为长方形，衬底色为白色，圆形和斜杠为红色，文字辅助标志为红底白字、黑体字，如图6-3所示。

（2）几何尺寸。以观察距离D为基准。内径：$d_1=0.028D$；外径：$d_2=1.25d_1$；斜线宽：$c=0.100d_1$；斜线与水平线的夹角$\alpha=45°$，见表6-5。

（3）图形颜色。红色（RED），C0 M100 Y100 K0，如图6-14所示。

2. 常用的火灾爆炸禁止类标志（见图6-36～图6-41）

图6-36　禁止用水灭火

图6-37　禁止吸烟

图6-38　禁止烟火

图6-39 禁止带火种

图6-40 禁止放易燃物

图6-41 禁止放鞭炮

3. 火灾爆炸禁止类标志的设置（见表6-12）

表6-12　　　　　　　　　　火灾爆炸禁止类标志的设置

| 序号 | 名　　称 | 标　　志 | 应 用 场 所 |
|---|---|---|---|
| 1 | 禁止用水灭火 | 见图6-36 | （1）该物质不能用水灭火；<br>（2）用水灭火会对灭火者或周围环境产生危险 |
| 2 | 禁止吸烟 | 见图6-37 | 表示吸烟能引起火灾危险 |
| 3 | 禁止烟火 | 见图6-38 | 表示吸烟或使用明火能引起火灾或爆炸 |
| 4 | 禁止带火种 | 见图6-39 | 表示存放易燃易爆物质，不得携带火种 |
| 5 | 禁止放易燃物 | 见图6-40 | 表示存放易燃物会引起火灾或爆炸 |
| 6 | 禁止燃放鞭炮 | 见图6-41 | 表示燃放鞭炮、焰火能引起火灾或爆炸 |

# 第六节　方向辅助标志

方向辅助标志是用于指明正常和紧急出口、火灾逃逸和安全设施的方向。本节是以左向、左下向的方向辅助标志为例，其他方向指示可参照制作。它是与图形标志中的有关标志联用，指示被联用标志所表示意义的方向。常见的方向辅助标志有疏散通道方向、灭火设备或报警装置的方向。

## 一、基本要求

（1）方向辅助标志可根据实际需要制作指示方向的箭头图形。

（2）在标志远离指示物时，必须联用方向辅助标志。如果标志与其指示物很近，人们一眼即可看到标志的指示物，方向辅助标志可以省略。

（3）方向辅助标志与图形标志联用时，如系指示左向（包括左下、左上）和下向，则放在图形标志的左方；如系指示右向（包括右下、右上），则放在图形标志的右方，如图6-42所示。

（4）方向辅助标志的颜色应与联用的图形标志的颜色一致。

图6-42　方向辅助标志与图形标志联用

## 二、常用的方向辅助标志（见图6-43）

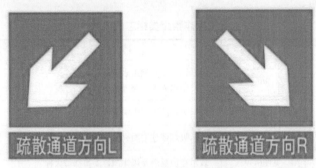

图6-43　方向辅助标志的颜色

## 三、方向辅助标志的设置（见表6-13）

表 6-13　　　　　　　　　　　　　　方向辅助标志的设置

| 序号 | 名　称 | 标　志 | 应 用 场 所 |
|---|---|---|---|
| 1 | 疏散通道方向 | 见图6-43 | 与"紧急出口"标志联用，指示到紧急出口的方向。该标志亦可制成长方形 |
| 2 | 灭火设备或报警装置的方向 | | 与"火灾报警和手动控制装置"和"灭火设备"中的标志联用，指示灭火设备或报警装置的位置方向。该标志亦可制成长方形 |

# 第七节　文字辅助标志

文字辅助标志是在安全标志的图形中用黑体字来标注名称，并有适当的背底色构成。

文字辅助标志有横写和竖写两种形式。

一、基本要求

（1）文字辅助标志应与图形标志或方向辅助标志联用。当图形标志与其指示物很近、表示意义很明显，人们很容易看懂时，文字辅助标志可以省略。

（2）文字辅助标志横写时，应是矩形边框，可以标注在图形标志的下方，见图6-44（a）、（b），也可以标注在左方或右方，见图6-44（c）、（d）；竖写时应标注在标志杆上（见图6-45）。

（3）横写的文字辅助标志与三角形标志联用时，字的颜色为黑色，见图6-44（a）；与其他标志联用时，字的颜色为白色，见图6-44（b）；竖写在标志杆上的文字辅助标志，字的颜色为黑色（见图6-45）。

（4）文字辅助标志的底色应与联用的图形标志统一，见图6-44（a）、（b）。

（5）当标志既有方向辅助标志，又有文字辅助标志时，一般将两者同标注在图形标志的一侧，文字辅助标志标注在方向辅助标志的下方，见图6-44（c）。当方向辅助标志指示的方向为左下、右下及正下时，则把文字辅助标志标注在方向辅助标志上，见图6-45。

二、常用的文字辅助标志

1. 横写的文字辅助标志（见图6-44）

（a）　　　　　　　　　　　　（b）

（c）　　　　　　　　　　　　（d）

图6-44　横写的文字辅助标志

2. 竖写的文字辅助标志（见图6-45）

图6-45　竖写的文字辅助标志

# 第七章 厂内道路标志

## 第一节 概　　述

厂内道路分为主干道、次干道、辅助道等。其中，主干道是指厂内主要道路，一般为主要出入口道路；次干道是指厂内车间、仓库和生产现场间的主要运输道路。通常主干道必须画上下道行车线，如图7-1所示；次干道、辅助道的行车画线应由企业自行规定。另外，厂内道路必须按规定设置道路标志。

厂内道路标志是以颜色、形状、字符、图形等向道路使用者传递信息，用于管理交通的设施。道路标志分为主标志和辅助标志两大类。其中，主标志包括警告标志、禁令标志、指示标志、指路标志等；辅助标志是附设在主标志下，对其进行辅助说明的标志。

图7-1　厂内主干道路

### 一、厂内道路标志的设置

（1）厂内道路标志的设置应综合考虑、布局合理，防止出现信息不足或过载的现象。信息应连续，重要的信息宜重复显示。

（2）厂内道路标志一般情况下应设置在道路行进方向右侧或车行道上方；也可根据具体情况设置在左侧，或左右两侧同时设置。

（3）为保证视认性，同一地点需要设置两个以上标志时，可安装在一个支撑结构（支撑）上，但最多不应超过四个；分开设置的标志，应先满足禁令、指示和警告标志的设置空间。

（4）原则上要避免不同种类的标志并设。解除限制速度标志、解除禁止超车标志、路口优先通行标志、会车先行标志、会车让行标志、停车让行标志、减速让行标志应单独设置；如条件受限制无法单独设置时，一个支撑结构（支撑）上最多不应超过两种标志。标志板在一个支撑结构（支撑）上并设时，应按禁令、指示、警告的顺序，先上后下，先左后右地排列。

（5）警告标志不宜多设。同一地点需要设置两个以上警告标志时，原则上只设置其中最需要的一个。

### 二、厂内道路标志的图形

#### 1. 标志颜色

一般情况下厂内道路标志颜色的基本含义如下：

（1）红色。表示禁止、停止、危险，用于禁令标志的边框、底色、斜杠，也用于叉形符号和斜杠符号、警告性线形诱导标的底色等。

（2）黄色或荧光黄色。表示警告，用于警告标志的底色。

（3）蓝色。表示指令、遵循，用于指示标志的底色；表示地名、路线、方向等的行车信息，用于一般道路指路标志的底色。

（4）黑色。用于标志的文字、图形符号和部分标志的边框。

（5）白色。用于标志的底色、文字和图形符号以及部分标志的边框。

（6）橙色或荧光橙色。用于指路标志。

（7）荧光黄绿色。表示警告，用于注意行人警告标志。

2. 标志形状

厂内道路标志形状的一般使用规则如下：

（1）正等边三角形。用于警告标志。

（2）圆形。用于禁令和指示标志。

（3）倒等边三角形。用于"减速让行"禁令标志。

（4）八角形。用于"停车让行"禁令标志。

（5）方形。用于指路标志，部分警告、禁令和指示标志，辅助标志等。

3. 边框和衬边

（1）除个别标志外，标志边框的颜色应与标志的图形或字符的颜色一致，除指示标志外标志衬边的颜色应与标志底色一致。各类标志的边框和衬边颜色，见表7-1。

**表 7-1** 各类标志的边框和衬边颜色

| 标 志 类 别 | 边 框 | 衬 边 | 备 注 |
|---|---|---|---|
| 警告 | 黑色 | 黄色 | 叉形符合和斜杠符号除外 |
| 禁令 | 红色 | 白色 | 个别标志除外 |
| 指示 | — | 白色 | 白色衬边外无蓝色 |
| 指路 | 白色 | 蓝色或绿色 | |
| 辅助 | 黑色 | 白色 | |

（2）相同底色标志套用时，应使用边框；不同底色标志套用时，套用的禁令标志一般不使用衬边，套用的指路标志一般不使用边框。

# 第二节 警 告 标 志

警告标志是指警告车辆驾驶人、行人前方有危险的标志，道路使用者需谨慎行动。

## 一、基本要求

（1）几何图形。等边三角形，三角形的顶角朝上，如图7-2所示。

（2）几何尺寸。警告标志尺寸见表7-2。

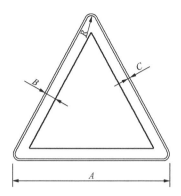

图7-2 警告标志尺寸

表 7-2 警告标志尺寸 （速度＜ 40km/h）

| 图标 | A（边长） | B（黑边） | C（衬边） | R（黑边圆角半径） |
|---|---|---|---|---|
| 尺寸（cm） | 70 | 5 | 0.4 | 3 |

（3）图形颜色。黄底、黑边、黑图形。

（4）警告标志的内容尽量采用图形方式，并应辅以文字说明。

（5）文字类警告标志为黄底、黑边、黑文字，形状为矩形。

## 二、常用的警告标志（见图7-3～图7-12）

图7-3 交叉路口

（a）～（i）T形交叉路口； （j）环形交叉路口

（a）　　　　　　　　　（b）

图7-4　急弯路　　　　　图7-5　连续弯路　　　图7-6　双向交通

（a）向左急弯路；（b）向右急弯路

（a）　　　　　　　　　（b）

图7-7　注意行人　　　　　图7-8　注意非机动车　　图7-9　事故易发路段

（a）注意行人（黄色）；（b）注意行人（荧光黄绿色）

图7-10　慢行　　　　　图7-11　注意危险　　　　图7-12　施工

## 三、警告标志的配置（见表7-3）

表 7-3　　　　　　　　　　　　　警告标志的配置

| 序号 | 名　称 | 标　志 | 应 用 场 所 |
|---|---|---|---|
| 1 | 交叉路口 | 见图7-3（a） | （1）用以警告车辆驾驶人谨慎慢行，注意横向来车。<br>（2）设在平面交叉路口驶入路段的适当位置。<br>（3）根据实际道路交叉的形式来选用图形，如图7-3（a）所示 |
| 2 | 急弯路 | 见图7-4 | （1）用以警告车辆驾驶人减速慢行。<br>（2）设置位置为曲线起点的外面，但不应进入相邻的圆曲线内 |
| 3 | 连续弯路 | 见图7-5 | （1）用以警告车辆驾驶人减速慢行。<br>（2）设置位置为连续弯路起点的外面，当连续弯路总长度大于500m时，应重复设置。<br>（3）可在此标志下附加说明连续弯路长度的辅助标志 |
| 4 | 双向交通 | 见图7-6 | （1）用以提醒车辆驾驶人注意会车。<br>（2）设在由双向分离行驶，因某种原因出现临时性或永久性的不分离双向行驶的路段，或由单向行驶进入双向行驶的路段以前适当位置 |

| 序号 | 名　　称 | 标　　志 | 应 用 场 所 |
|---|---|---|---|
| 5 | 注意行人（黄色） | 见图7-7（a） | （1）用以警告车辆驾驶人减速慢行，注意行人。<br>（2）设在行人密集，或不易被驾驶员发现的人行横道线以前适当位置。<br>（3）标志底色也可采用荧光黄绿色 |
| 6 | 注意行人（荧光绿黄色） | 见图7-7（b） | （1）用以警告车辆驾驶人减速慢行，注意行人。<br>（2）设在行人密集，或不易被驾驶员发现的人行横道线以前适当位置。<br>（3）标志底色也可采用荧光黄绿色 |
| 7 | 注意非机动车 | 见图7-8 | （1）用以提醒车辆驾驶人注意慢行。<br>（2）设在经常有非机动车横穿、出入的地点前适当位置 |
| 8 | 事故易发路段 | 见图7-9 | （1）用以告示前方道路为事故易发路段，谨慎驾驶。<br>（2）设在交通事故易发路段以前适当位置 |
| 9 | 慢行 | 见图7-10 | （1）用以提醒车辆驾驶人减速慢行。<br>（2）设在前方道路发生特殊情况，影响行车安全的路段以前适当位置 |
| 10 | 注意危险 | 见图7-11 | （1）用以提醒车辆驾驶人谨慎驾驶。<br>（2）设在以上标志不能包括的其他危险路段以前适当位置。<br>（3）本标志一般不单独使用，其下应设辅助标志，说明危险原因 |
| 11 | 施工 | 见图7-12 | （1）用以告示前方道路施工，车辆应减速慢行或绕道行驶。<br>（2）该标志可以作为临时标志支设在施工路段以前适当位置 |

# 第三节　禁 令 标 志

禁令标志表示禁止或限制车辆、行人交通行为的标志。

## 一、基本要求

（1）几何图形。圆形、顶角向下的倒等边三角形、八角形。一般禁令标志为圆形；"停车让行标志"为顶角向下的倒等边三角形；"减速让行标志"为八角形，如图7-13所示。

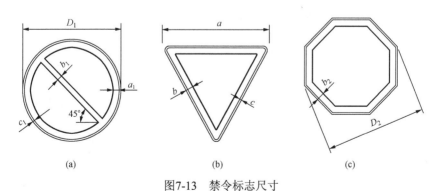

（a）　　　　　　　　（b）　　　　　　　　（c）

图7-13　禁令标志尺寸

（a）禁令标志；（b）停车让行标志；（c）减速让行标志

（2）几何尺寸。禁令标志尺寸与速度的关系见表7-4。

表7-4 禁令标志尺寸与速度的关系

| 速度（km/h） | | 40～70 | <40 |
|---|---|---|---|
| 圆形标志（cm） | 标志外径$D_1$ | 80 | 60 |
| | 红边宽度$a_1$ | 8 | 6 |
| | 红杠宽度$b_1$ | 6 | 4.5 |
| | 衬边宽度$c_1$ | 0.6 | 0.4 |
| 三角形标志<br>减速让行标志（cm） | 三角形边长$a$ | 90 | 70 |
| | 红边宽度$b$ | 9 | 7 |
| | 衬边宽度$c$ | 0.6 | 0.4 |
| 八角形标志<br>停车让行标志（cm） | 标志外径$D_2$ | 80 | 60 |
| | 白边宽度$b_2$ | 3.0 | 2.0 |
| 矩形标志<br>区域限制和解除标志（cm） | 长$a$ | 120 | 90 |
| | 宽$b$ | 170 | 130 |
| | 黑边框宽度 | 3 | 2 |
| | 衬边宽度$d$ | 0.6 | 0.4 |

（3）图形颜色。白底、红圈、红杠、黑图形，图形压杠，个别标志为白字、蓝底或黑图形。

（4）禁令标志设置于禁止、限制及相应解除开始路段的起点附近。

（5）对于车辆如未提前绕行则无法通行的禁令标志设置的路段，应在进入禁令路段的路口前或适当位置设置相应的预告或绕行标志。

（6）除特别说明外，禁令标志上不允许附加图形、文字。

（7）标志内容尽量采用图形方式，并应辅以文字说明。

（8）仅采用文字时，标志为白底、红圈、红杠、黑文字，形状为圆形或矩形。

**二、常用的警令标志（见图7-14～图7-34）**

图7-14 停车让行　　　　图7-15 减速让行　　　　图7-16 禁止通行

图7-17　禁止驶入

图7-18　禁止机动车驶入

图7-19　禁止非机动车进入

图7-20　禁止行人进入

图7-21　禁止向左转弯

图7-22　禁止向右转弯

图7-23　禁止直行

图7-24　禁止向左向右转弯

图7-25　禁止直行和向左转弯

图7-26　禁止直行和向右转弯

图7-27　禁止掉头

图7-28　禁止超车标志

图7-29　解除禁止超车标志

图7-30　禁止停车

图7-31　禁止长时停车

图7-32　限制宽度　　　　　图7-33　限制高度　　　　　图7-34　限速

### 三、警令标志的配置（见表7-5）

表 7-5　　　　　　　　　　　　警令标志的配置

| 序号 | 名　　称 | 标　　志 | 应　用　场　所 |
|---|---|---|---|
| 1 | 停车让行 | 见图7-14 | （1）表示车辆应在停止线前停车瞭望，确认安全后，方可通行。<br>（2）标志形状为八角形，颜色为红底白字 |
| 2 | 减速让行 | 见图7-15 | （1）表示车辆应减速让行，告示车辆驾驶人应慢行或停车，观察干道行车情况，在确保干道车辆优先，确保安全的前提下，方可进入路口。<br>（2）标志形状为倒三角形，颜色为白底，红边，黑字。<br>（3）设于交叉口次要道路路口 |
| 3 | 禁止通行 | 见图7-16 | （1）表示禁止一切车辆和行人通行。<br>（2）设在禁止通行的道路入口附近 |
| 4 | 禁止驶入 | 见图7-17 | （1）表示禁止一切车辆驶入。<br>（2）标志颜色为红底中间一道白横杠。<br>（3）设在禁止驶入的路段入口明显之处 |
| 5 | 禁止机动车驶入 | 见图7-18 | （1）表示禁止各类机动车驶入。<br>（2）设在禁止机动车驶入路段的入口处。<br>（3）对时间或某一类机动车有禁止规定时，应用辅助标志说明 |
| 6 | 禁止非机动车进入 | 见图7-19 | （1）表示禁止各类非机动车进入。<br>（2）设在禁止非机动车进入路段的入口处 |
| 7 | 禁止行人进入 | 见图7-20 | （1）表示禁止行人进入。<br>（2）设在禁止行人进入的地方 |
| 8 | 禁止向左转弯<br>禁止向右转弯 | 见图7-21和图7-22 | （1）表示前方路口禁止一切车辆向左（向右）转弯。<br>（2）设在禁止向左（或向右）转弯的路口以前适当位置。<br>（3）有时间、车种等特殊规定时，应用辅助标志说明或附加图形。附加图形时，保持箭头的位置不变。<br>（4）如果禁止两种以上（含两种）车辆时，宜用辅助标志说明 |
| 9 | 禁止直行 | 见图7-23 | （1）表示前方路口禁止一切车辆直行。<br>（2）设在禁止直行的路口以前适当位置。<br>（3）有时间、车种等特殊规定时，应用辅助标志说明或附加图形。附加图形时，保持箭头的位置不变。<br>（4）如果禁止两种以上（含两种）车辆时，宜用辅助标志说明 |
| 10 | 禁止向左向右转弯 | 见图7-24 | （1）表示前方路口禁止一切车辆向左向右转弯。<br>（2）设在禁止向左向右转弯的路口以前适当位置。<br>（3）有时间、车种等特殊规定时，应用辅助标志说明或附加图形。附加图形时，保持箭头的位置不变。<br>（4）如果禁止两种以上（含两种）车辆时，宜用辅助标志说明 |

续表

| 序号 | 名　称 | 标　志 | 应 用 场 所 |
|---|---|---|---|
| 11 | 禁止直行和向左转弯<br>禁止直行和向右转弯 | 见图7-25和图7-26 | （1）表示前方路口禁止一切车辆直行和向左转弯（或直行和向右转弯）。<br>（2）设在禁止直行和向左转弯（或直行和向右转弯）的路口以前适当位置。<br>（3）有时间、车种等特殊规定时，应用辅助标志说明或附加图形。附加图形时，保持箭头的位置不变。<br>（4）如果禁止两种以上（含两种）车辆时，宜用辅助标志说明 |
| 12 | 禁止掉头 | 见图7-27 | （1）表示禁止机动车掉头。<br>（2）设在禁止机动车掉头路段的起点和路口以前适当位置 |
| 13 | 禁止超车 | 见图7-28 | （1）表示该标志至前方解除禁止超车标志的路段内，不允许机动车超车。<br>（2）设在禁止超车路段的起点。<br>（3）已设有道路中心实线和车道实线的可不设此标志 |
| 14 | 解除禁止超车 | 见图7-29 | （1）表示禁止超车路段结束。<br>（2）标志颜色为白底、黑圈、黑细斜杠、黑图形。<br>（3）设在禁止超车路段的终点。<br>（4）此标志应和禁止超车标志成对使用 |
| 15 | 禁止停车 | 见图7-30 | （1）表示在限定的范围内，禁止一切车辆停、放。<br>（2）标志颜色为蓝底红圈红斜杠。<br>（3）设在禁止车辆停、放的地方。<br>（4）禁止车辆停放的时间、车种和范围可用辅助标志说明 |
| 16 | 禁止长时停车 | 见图7-31 | （1）表示在限定的范围内，禁止一切车辆长时停、放，临时停车不受限制。<br>（2）标志颜色为蓝底红圈红斜杠。<br>（3）设在禁止车辆长时停、放的地方。<br>（4）临时停车指车辆停车上下客或装卸货等，且驾驶人在车内或车旁守候。<br>（5）禁止车辆停、放的时间，车种和范围可用辅助标志说明 |
| 17 | 限制宽度 | 见图7-32 | （1）表示禁止装载宽度超过标志所示数值的车辆通行。<br>（2）设在最大容许宽度受限制的地方。表示禁止装载宽度超过3m的车辆进入。<br>（3）设置此标志的路段，在进入此路段前的路口适当位置应设置相应的指路标志提示，使装载宽度超过标志所示数值的车辆能够提前绕道行驶 |
| 18 | 限制高度 | 见图7-33 | （1）表示禁止装载高度超过标志所示数值的车辆通行。<br>（2）设在最大容许高度受限制的地方。表示禁止装载高度超过3.5m的车辆进入。<br>（3）设置此标志的路段，在进入此路段前的路口适当位置要设置相应的指路标志提示，使装载高度超过标志所示数值的车辆能够提前绕道行驶 |
| 19 | 限速 | 见图7-34 | 表示车辆行驶时禁止超过标志所示的数值，单位km/h |

# 第四节　指 示 标 志

指示标志表示指示车辆、行人应遵循的标志。

## 一、基本要求

（1）几何图形。圆形、正方形和长方形，如图7-35所示。

（2）几何尺寸。指示标志尺寸与速度关系，见表7-6。

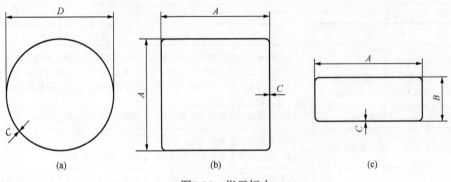

图7-35　指示标志

（a）圆形标志；（b）正方形标志；（c）长方形标志

表 7-6　　　　　　　　　　　　指示标志尺寸与速度的关系

| 速度（km/h） | 40～70 | <40 |
|---|---|---|
| 圆形（直径$D$，cm） | 80 | 60 |
| 正方形（边长$A$，cm） | 80 | 60 |
| 长方形（边长$A×B$，cm） | 140×100 | — |
| 单行线标志（长方形$A×B$，cm） | 80×40 | 60×30 |
| 会车先行标志（正方形$A$，cm） | 80 | 60 |
| 衬边宽度$C$（cm） | 0.6 | 0.4 |

（3）图形颜色。蓝底、白图形。

（4）指示标志设置于指示开始路段的起点附近。

（5）有时间、车种等规定时，应用辅助标志说明。除特别说明外，指示标志上不允许附加图形。附加图形时，原指示标志的图形位置不变。

（6）标志内容尽量采用图形方式，并应辅以文字说明。

**二、常用的指示标志**（见图7-36～图7-51）

图7-36　直行

图7-37　向左转弯

图7-38　向右转弯

图7-39　直行和向左转弯

图7-40　直行和向右转弯

图7-41　向左和向右转弯

图7-42　靠右侧道路行驶

图7-43　靠左侧道路行驶

图7-44　单行路（向左）

图7-45　单行路（向右）

图7-46　单行路（直行）

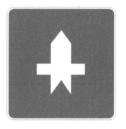

图7-47　路口优先通行

图7-48　人行横道

图7-49　机动车行驶

图7-50　非机动车行驶

图7-51　停车位

### 三、指示标志的配置（见表7-7）

表 7-7                                    指示标志的配置

| 序号 | 名 称 | 标 志 | 应 用 场 所 |
|---|---|---|---|
| 1 | 直行 | 见图7-36 | （1）表示一切车辆只准直行。<br>（2）设在应直行的路口以前适当位置。<br>（3）有时间、车种等规定时，应用辅助标志说明或附加图形。附加图形时，保持箭头的位置不变。<br>（4）如果指示两种以上（含两种）车辆时，宜用辅助标志说明 |
| 2 | 向左转弯<br>向右转弯 | 见图7-37和图7-38 | （1）表示一切车辆只准向左（或向右）转弯。<br>（2）设在车辆应向左（或向右）转弯的路口以前适当位置。<br>（3）有时间、车种等规定时，应用辅助标志说明或附加图形。附加图形时，保持箭头的位置不变。<br>（4）如果指示两种以上（含两种）车辆时，宜用辅助标志说明 |
| 3 | 直行和向左转弯<br>直行和向右转弯 | 见图7-39和图7-40 | （1）表示一切车辆只准直行和向左转弯（或直行和向右转弯）。<br>（2）设在车辆应直行和向左转弯（或直行和向右转弯）的路口以前适当位置。<br>（3）有时间、车种等规定时，应用辅助标志说明或附加图形。附加图形时，保持箭头的位置不变。<br>（4）如果指示两种以上（含两种）车辆时，宜用辅助标志说明 |
| 4 | 向左和向右转弯 | 见图7-41 | （1）表示一切车辆只准向左和向右转弯。<br>（2）设在车辆应向左和向右转弯的路口以前适当位置。<br>（3）有时间、车种等规定时，应用辅助标志说明或附加图形 |
| 5 | 靠右侧道路行驶<br>靠左侧道路行驶 | 见图7-42和图7-43 | （1）表示一切车辆只准靠右侧（或靠左侧）行驶。<br>（2）设在车辆应靠右侧（或靠左侧）道路行驶的地方 |
| 6 | 单行路 | 见图7-45和图7-46 | （1）表示该道路为单向行驶，已进入车辆应依标志指示方向行车。<br>（2）设在单行路入口起点处的适当位置。<br>（3）有时间、车种等规定时，应用辅助标志说明或附加图形 |
| 7 | 路口优先通行 | 见图7-47 | （1）表示交叉口主要道路上车辆享有优先通行权利。<br>（2）设在交叉口主要道路的路口以前适当位置。<br>（3）交叉口次要道路路口设停车让行或减速让行标志的，可在主要道路路口设路口优先通行标志。<br>（4）如果主要道路上设了路口优先通行标志，则次要道路上应设停车让行或减速让行的标志。<br>（5）主要道路上的路口设置了路口优先通行标志时，则不应设交叉路口标志 |
| 8 | 人行横道 | 见图7-48 | （1）表示该处为人行横道。<br>（2）标志颜色为：蓝底、白三角形、黑图形。<br>（3）设在人行横道两端适当位置，并面向来车方向。该标志应与人行横道线同时使用 |
| 9 | 机动车行驶 | 见图7-49 | （1）表示该道路只供机动车行驶。<br>（2）设在该道路的起点及各交叉口入口前适当位置 |
| 10 | 非机动车行驶 | 见图7-50 | （1）表示该道路只供非机动车行驶。<br>（2）设在非机动车行驶道路的起点及各交叉口入口前适当位置 |
| 11 | 停车位 | 见图7-51 | （1）表示机动车允许停放的区域。需要和停车位线配合使用。有车种专用、时段或时长限制时，可用辅助标志表示。<br>（2）机动车停车位标志的短边边长不小于60cm，非机动车停车位标志的短边边长不小于30cm。<br>（3）停车位标志设置时一般朝向来车 |

# 第五节　指　路　标　志

指路标志表示传递道路方向、地点、距离信息的标志。

**一、基本要求**

（1）几何图形。长方形和正方形。

（2）几何尺寸。应根据字数、文字高度及排列情况确定。外边框和衬边的尺寸，如图7-52所示。

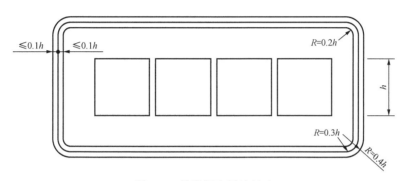

图7-52　外边框和衬边尺寸

（3）图形颜色。蓝底、白图形、白边框、蓝色衬边。

（4）指路标志信息选取应遵循以下原则：

1）关联、有序。

2）便于不熟悉路网的道路使用者顺利到达目的地。

3）信息量适中：一块指路标志版面中，各方向指示的目的地信息数量之和不宜超过六个；一般道路交叉路口预告标志和交叉路口告知标志版面中，同一方向指示的目的地信息数量不应超过两个，同一方向需选取两个信息时，应在一行或两行内按照信息由近到远的顺序、由左至右或由上至下排列，如图7-53所示。

图7-53　标志版面信息排列例

（5）图形选取原则。指路标志的图形选取应简洁、清晰、明了。

**二、常用的指路标志**

1. 绕行标志（见图7-54）

用于指示前方路口车辆需绕行的路线。标志为蓝底、白色街区，绕行路线为黑色。根据需要可在绕行标志上绘制相应的禁令标志图形，并应配合设置指路标志。

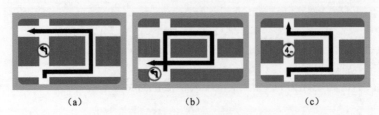

（a） （b） （c）

图7-54　绕行标志

2.　此路不通标志（见图7-55）

用以指示前方道路无出口，不能通行。该标志为蓝底、白色街区、红色图形。该标志可与其他指路标志配合使用。

3.　线形诱导标

（1）用于引导行车方向，提示道路使用者前方线形变化，注意谨慎驾驶。

（2）线形诱导标的基本单元，可以单独使用，也可以把几个基本单元组合使用。通常设于一般道路上易发生事故的弯道、视线不好的T形交叉口等处，为蓝底白图形。

线形诱导标的基本单元及组合使用见图7-56和图7-57。

图7-55　此路不通标志

图7-56　线形诱导标的基本单元

图7-57　线形诱导标的组合使用

（a） （b） （c）

图7-58　中央隔离设施的线形诱导标

（a）两侧通行；（b）右侧通行；（c）左侧通行

（3）设于中央隔离设施端部的线形诱导标为红底白图形，应为竖向设置。见图7-58。

4.　路径指引标志

（1）入口预告标志（见图7-59），用于指示到达目的地标志，标志版面内容为目的地，设在道路入口处。

（2）地点、方向标志（见图7-60），用于指示道路两个行驶方向，设在道路的匝道分岔点处，该标志版面内容应与入口预告标志相对应。

图7-59 入口预告标志

图7-60 地点、方向标志

（3）路名标志（见图7-61），用于指示道路的名称。

（4）出口预告标志（见图7-62），用于预告前方出口。

图7-61 路名标志

图7-62 出口预先标志

# 第六节 标示牌支撑

标示牌支撑常见的有柱式、悬臂式、门架式等。

## 一、柱式

（1）柱式一般有单柱式、多柱式。柱式标志内边缘不应侵入道路建筑限界，一般距车行道或人行道的外侧边缘或土路肩不小于25cm。

（2）标志牌下缘距路面的高度一般为150～250cm。设置在有行人、非机动车的路侧时，设置高度应大于180cm。

（3）单柱式是标志牌安装在一根立柱上，如图7-63所示。适用于警告、禁令、指示标志和指路标志。

（4）多柱式是标志牌安装在两根及两根以上立柱上，如图7-64所示。适用于长方形的指示或指路标志。

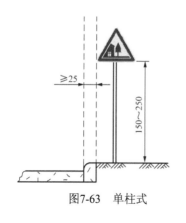

图7-63 单柱式

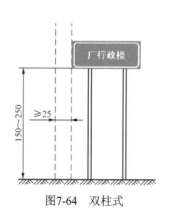

图7-64 双柱式

## 二、悬臂式

（1）悬臂式是标志牌安装于悬臂上，如图7-65和图7-66所示。标志下缘离地面的高度应大于该道路规定的净空高度。

（2）悬臂式适用于以下情况：

1）柱式安装有困难；

2）道路较宽、外侧车道大型车辆阻挡内侧车道小型车辆视线；

3）视距或视线受限制；

4）景观上有要求。

图7-65　单悬臂式

图7-66　双悬臂式

## 三、门架式

（1）门架式是标志安装在门架上，如图7-67所示。标志下缘离地面的高度应大于该道路规定的净空高度。

（2）门架式标志适用于以下情况：

1）多车道道路（同向三车道以上）需要分别指示各车道去向；

2）外侧车道大型车辆阻挡内侧车道小型车辆视线；

3）受空间限制，柱式、悬臂式安装有困难；

4）景观上有要求。

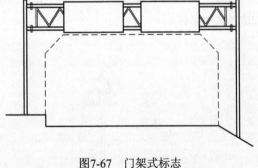

图7-67　门架式标志

# 第八章 作业场所安全防护

## 第一节 脚手架安全防护

脚手架是专为高处作业人员搭设的临时架构。它是由立杆、大横杆、小横杆、剪刀撑、脚手板、安全网等组成。如图8-1所示。按搭设材质分为钢质脚手架、竹质脚手架、木质脚手架。本节介绍钢质脚手架。

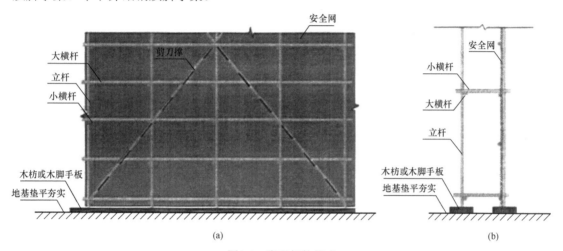

图8-1 脚手架的组成

（a）正面图；（b）剖面图

### 一、脚手架的搭设

1. 基本要求（见图8-2）

（1）钢管采用外径48mm、壁厚3.0～3.5mm焊接钢管或无缝钢管。钢管应平直，平直度允许偏差为管长的1/500；两端面应平整，不应有斜口、毛口。

（2）扣件。扣件必须有出厂合格证明或材质检验合格证明。

（3）地基。落地式外脚手架地基部分应垫平夯实，在地基上沿脚手架长度方向设置50mm厚木脚手板。

（4）扫地杆。在立杆下部150mm处设置纵横向扫地杆，纵向扫地杆在上，横向扫地杆在下，均与立杆相连。

（5）立杆。架高30m以下，单立杆纵距为1800mm；架高30～40m，单立杆纵距为1500mm；架高40～50m，单立杆纵距为1000mm，双立杆纵距为1800mm。

（6）梯子，搭设时应超过作业层一步架，并搭设梯子，梯凳间距不大于400mm。

（7）作业层。防护栏杆高1200mm，在防护栏杆与脚手板间设中护栏。设180mm踢脚板，踢脚板与立杆固定。

（8）脚手板。木质板厚不低于50mm。脚手板应满铺、板间不得有空隙，板子搭接不得小于200mm，板子距墙空隙不得大于150mm，板子跨度间不得有接头。

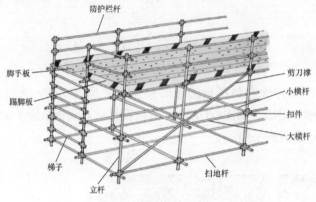

图8-2　脚手架的搭设

2. 剪刀撑和横向斜撑（见图8-3）

（1）每道剪刀撑应跨越5~7根立杆，与地面夹角45°~60°，杆件接长采用搭接，剪刀撑的两根斜杆均与立杆或相近的小横杆相连。

（2）24m以下的外架，在每片架体转角处搭设一道剪刀撑；24m以上的外架，在架体外侧搭设连续剪刀撑。

（3）横向斜撑应在同一节间，由底到顶呈"之"字型布置，斜撑交差和内外大横杆相连到顶。

（4）一字形、开口形双排架两断口必须设置横向斜撑；24m以上架体在架体拐角处及中间每六跨设置一道搭接斜撑。

（5）剪刀撑斜杆的接长必须采用搭接，搭接长度不小于1m，且不少于两扣件紧固。

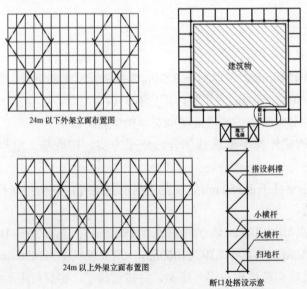

图8-3　剪刀撑和横向斜撑

3. 脚手架与墙体连接

（1）洞口拉结连墙杆，如图8-4所示。

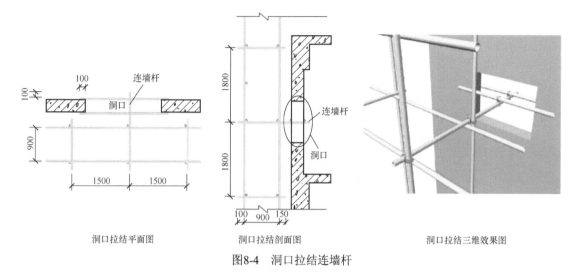

洞口拉结平面图　　　　洞口拉结剖面图　　　　洞口拉结三维效果图

图8-4　洞口拉结连墙杆

（2）墙体拉结连墙杆，如图8-5所示。

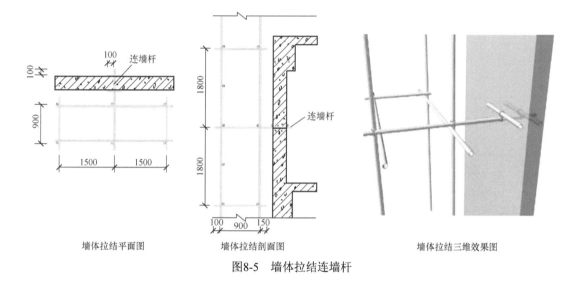

墙体拉结平面图　　　　墙体拉结剖面图　　　　墙体拉结三维效果图

图8-5　墙体拉结连墙杆

（3）柱子拉结连墙杆，如图8-6所示。

（4）预埋钢管拉结连墙杆，如图8-7所示。

4. 悬挑式脚手架的特殊要求（见图8-8）

（1）脚手架底部应严密封闭，防止钢管等材料掉落伤人。

（2）在底部挂平网，在上面铺模板。

（3）模板应锯整齐，在钢丝绳、钢管等部位要注意不留空隙。

5. 搭设脚手架的注意事项

（1）脚手架体高度超过25m时，不得使用木质或竹质脚手架，见图8-9。

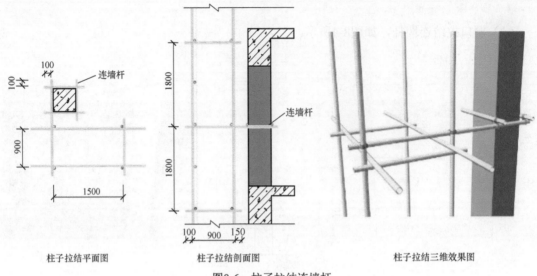

柱子拉结平面图　　　　柱子拉结剖面图　　　　柱子拉结三维效果图

图8-6　柱子拉结连墙杆

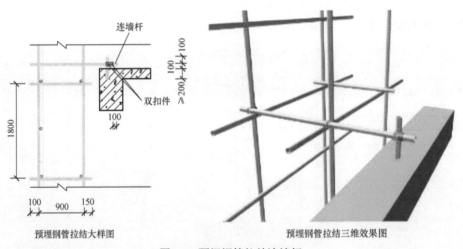

预埋钢管拉结大样图　　　　　　预埋钢管拉结三维效果图

图8-7　预埋钢管拉结连墙杆

图8-8　悬挑式脚手架

图8-9　不得使用木、竹质脚手架

（2）严禁将脚手架（板）搭靠（固定）在任何不牢固的结构上。

（3）严禁在各种管道、阀门、电缆架、仪表箱、开关箱及栏杆上搭设脚手架，如图8-10所示。

（4）严禁用木桶、木箱、砖及其他建筑材料搭临时铺板来代替正规脚手架，如图8-11所示。

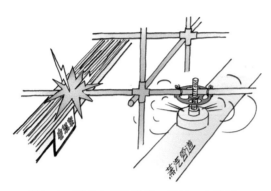 

图8-10 严禁在各种管道、阀门、电缆架、仪表箱、开关箱及栏杆上搭设脚手架　　图8-11 严禁用木桶、木箱、砖及其他建筑材料搭临时铺板来代替正规脚手架

（5）脚手架主体结构必须选用同种材料，不得木杆、竹竿、钢管等混搭，如图8-12所示。

（6）外墙脚手架搭设中，架体与建（构）筑物必须固定牢固，如图8-13所示。

图8-12 脚手架主体结构必须选用同种材料，不得木杆、竹竿、钢管等混搭　　图8-13 外墙脚手架搭设中，架体与建（构）筑物必须固定牢固

（7）在较松软土层上搭设脚手架时，立杆下必须垫不小于0.1m²的脚手板，如图8-14所示。

图8-14 在较松软土层上搭设脚手架时，立杆下必须垫不小于0.1m²的脚手板

二、脚手架的验收

在搭设脚手架过程中（未验收前），必须在架体上悬挂"脚手架搭建中"警告牌。搭设结束后，必须履行脚手架验收手续，填写脚手架验收单，并在"脚手架验收单"上签字，见表8-1；验收合格后应在脚手架上悬挂"脚手架验收合格牌"，见表8-2。

表8-1 脚手架验收单

| 项目名称 | | | | 搭设时间 | | |
|---|---|---|---|---|---|---|
| 搭设单位 | | | | 工作负责人 | | |
| 搭设位置 | | | | | | |
| 使用日期 | | | | | | |
| 搭设单位验收意见 | 班组验收意见<br><br>签名：<br>日期： | | 使用单位验收意见 | 班组验收意见<br><br>签名：<br>日期： | | |
| | 车间验收意见<br><br>签名：<br>日期： | | | 车间验收意见<br><br>签名：<br>日期： | | |
| | 部门（公司）意见<br><br>签名：<br>日期： | | | 部门（公司）意见<br><br>签名：<br>日期： | | |
| 设备管理部门意见 | 签名：<br>日期： | | 安监管理部门意见 | 签名：<br>日期： | | |
| 厂（公司）领导意见 | 签名： | | | 日期： | | |
| 脚手架高度 | 5m以下（ ） | 5～15m（ ） | | 15～30m（ ） | 30m以上（ ） | |
| 详细检查下列项目是否安全，符合要求划 √ | | | | | | |
| 栏杆 | | | 剪刀撑 | | | |
| 梯子 | | | 立杆的垫板 | | | |
| 横杆 | | | 脚手板 | | | |
| 立杆 | | | 安全通道 | | | |
| 扣件 | | | 踢脚板 | | | |
| 与建筑物连接 | | | 其他 | | | |
| 备注： | | | | | | |

表8-2 脚手架验收合格牌

| 脚手架名称 | | 脚手架编号 | |
|---|---|---|---|
| 搭建单位 | | 搭建负责人 | |
| 验收单位 | | 验收负责人 | |
| 使用单位 | | 使用负责人 | |
| 承载能力（kN/m$^2$） | | 使用期限 | |
| 延期期限 | | 备注 | |

### 三、典型脚手架现场

（1）立柱单体脚手架现场，如图8-15所示。

图8-15 立柱单体脚手架

（2）悬挑式脚手架现场，如图8-16所示。

图8-16 悬挑式脚手架

（3）直梯脚手架现场，如图8-17所示。

图8-17 直梯脚手架现场

（4）外斜梯脚手架现场，如图8-18所示。

图8-18　外斜梯脚手架现场

# 第二节　洞口安全防护

洞口是指距水平面的深度2m及以上的孔洞，包括井、孔与洞。洞口分为水平洞口、竖直洞口。

## 一、水平洞口安全防护

水平洞口是指洞口平行于地面。常见的水平洞口有起吊口、预留口、污水井口、热水井口、阀门井口、各类沟道等。

1. 边长<1500mm洞口防护（见图8-19）

（1）洞口短边尺寸小于1500mm宜使用盖板防护，通常采用厚4～5mm花纹钢板，也可采用模板用钉子钉牢形式，洞口盖板须与水平面找齐，防止盖板移位。

（2）盖板上表面涂刷黄黑相间安全警戒色和红色"严禁挪移"字样。

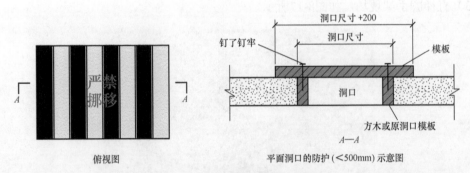

图8-19　边长<1500mm洞口防护

2. 边长≥1500mm洞口防护

（1）洞口短边尺寸大于1500mm（含1500mm）宜采用围栏防护形式。通常用钢管搭设三道防护栏杆，第一道栏杆距平面1200mm，第二道栏杆距平面600mm，第三道栏杆距平面100mm，立杆高度1300mm。

（2）洞口尺寸不大于2000mm时，中间设一道立杆；洞口尺寸大于2000mm时，立杆间距不大于1200mm。

（3）防护栏杆外侧满挂密目安全网，并悬挂安全提示牌。

（4）防护栏杆要涂刷黄黑（或红白）相间安全警戒色。

（5）主体结构施工阶段，洞口采用木模板和木枋封闭，如图8-20所示。

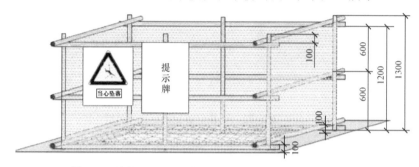

图8-20　边长≥1500mm洞口防护（主体结构施工阶段）

（6）安装阶段，洞口采用水平安全网封闭，如图8-21所示。

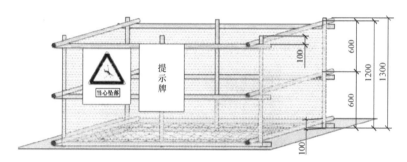

图8-21　边长≥1500mm洞口防护（安装阶段）

**二、竖直洞口安全防护**

竖直洞口是指洞口垂直于地面，常见的竖直洞口有竖井口、电梯井等。

1. 竖井口安全防护

竖井口通常采用防护栏杆进行防护，对较大的竖井口应安装防护门。

（1）竖井口防护栏杆，如图8-22所示。

1）防护栏杆一般采用钢管搭设。

2）防护栏杆立杆高度1300mm，间距不大于2000mm。

3）防护采用三道栏杆，第一道栏杆距平面1200mm，第二道栏杆距平面600mm，第三道栏杆距平面100mm。

4）防护栏杆底部要装设踢脚板，高为200mm。

5）防护栏杆和踢脚板应涂刷黄黑（或红白）相间安全警戒色。

6）必要时在防护栏杆外侧加装防护网。

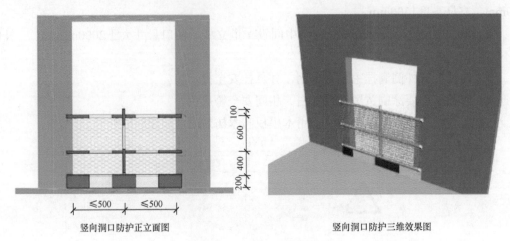

竖向洞口防护正立面图        竖向洞口防护三维效果图

图8-22 竖井口防护栏杆

（2）竖井口防护门，如图8-23所示。

1）竖井口防护门的制作应采用焊接，各部件应焊接牢固，并涂刷黄黑（或红白）相间安全警戒色。

2）防护门底部安装200mm高踢脚板，防护门外侧张挂"洞口防护，严禁拆除"等安全警告牌。

3）竖井口防护门的安装采用M10膨胀螺栓固定，安装时门底部宜与地面相距100mm。

图8-23 竖井口防护门

2. 电梯井安全防护（见图8-24）

（1）电梯井洞口处应安装1800mm高防护门；防护门底部安装200mm高踢脚板，防护门外侧张挂有安全警告牌。

（2）电梯井内应每隔两层并不大于10m搭设一道水平防护平台；水平防护平台采用钢管、木枋及模板搭设，平台之间每个楼层电梯井内应增设一道水平兜网（安全平网）。

（3）安全平网的挂设。每两层水平硬质隔断之间的楼层电梯井道内应增设一道安全平网。安全平网应牢固挂设在穿墙钢管、预埋挂钩等可靠受力构件上。安全平网的相邻两系绳间距应不大于0.75m，网与井壁的间隙应不大于100 mm。

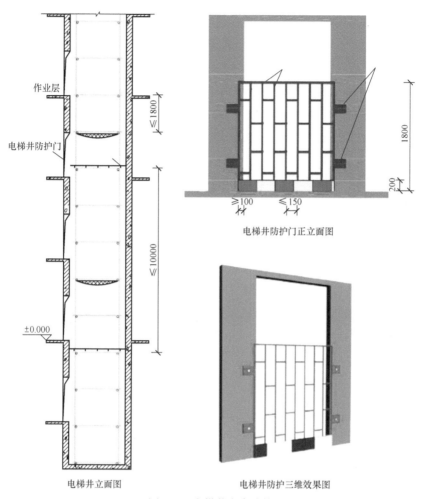

作业层

电梯井防护门

≤1800

≤10000

±0.000

电梯井立面图

电梯井防护门正立面图

≥100　≤150

1800

200

电梯井防护三维效果图

图8-24　电梯井安全防护

（4）电梯井门现场如图8-25所示。

图8-25　电梯井门现场

# 第三节  临边安全防护

临边是指工作面边沿没有围护设施或围护设施高度低于800mm时的场所。常见的临边场所有：楼梯边、楼层（屋面）临边等。

## 一、楼梯边的安全防护

楼梯边的安全防护是指楼梯两边均无有效遮栏，防止造成人身坠落伤害的防护措施。防护栏杆分为不挂安全网、挂安全网两种形式。

1. 基本要求（见图8-26）

（1）分层施工的楼梯口和梯段边，必须安装临时防护栏杆。

（2）防护栏杆一般采用钢管搭设。

（3）防护栏杆应搭设两道，第一道栏杆离地1200mm，第二道栏杆离地面600mm，立杆间距不大于2000mm，踢脚板高200mm。

（4）防护栏杆和踢脚板均涂刷红白（或黄黑）相间安全警戒色。

（5）必要时可在防护栏杆内侧满挂密目安全网。

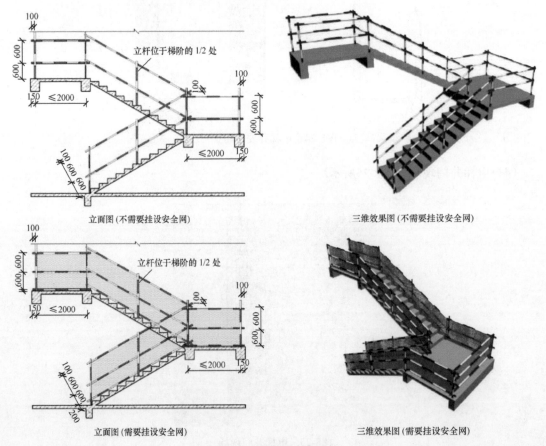

立面图（不需要挂设安全网）　　　三维效果图（不需要挂设安全网）

立面图（需要挂设安全网）　　　三维效果图（需要挂设安全网）

图8-26　楼梯边安全防护

2. 楼梯边现场（见图8-27）

(a)　　　　　　　　　　　(b)

图8-27　楼梯边防护现场

（a）未挂防护网；（b）挂防护网

## 二、楼层（屋面）临边安全防护

1. 基本要求（如图8-28所示）

（1）楼层边、屋面边防护栏杆一般采用钢管搭设。

（2）防护采用两道栏杆形式，第一道栏杆高度1200mm，第二道高度600mm，立杆间距不大于2000mm。防护内侧满挂密目安全网，底部设200mm高踢脚板。

（3）防护栏杆及踢脚板刷红白（或黄黑）相间安全警戒色。

（4）坡度大于1:2.2的屋面，防护栏杆上杆离防护面高度不低于1500mm，并增设一道横杆，满挂密目安全网。

（5）安全提示牌悬挂于防护栏杆和密目安全网内侧，面向楼内，且每面临边至少挂两个。

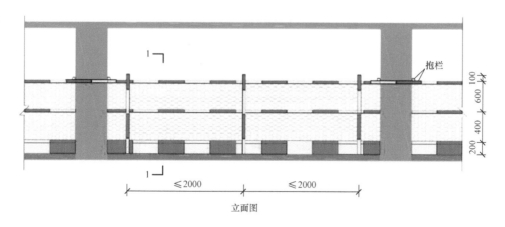

立面图

图8-28　楼层（屋面）临边安全防护（一）

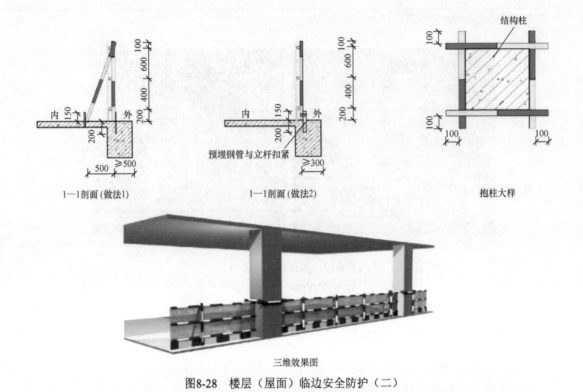

1—1剖面（做法1）　　　　　　　1—1剖面（做法2）　　　　　　　抱柱大样

图8-28　楼层（屋面）临边安全防护（二）

2. 楼层（屋面）临边防护现场（见图8-29）

（a）　　　　　　　　　　　　　　　（b）

图8-29　楼层临边防护现场

（a）未挂防护网；（b）挂防护网

# 第四节　基坑临边安全防护

## 一、基坑临边安全防护

基坑是指底面积在27m²以内（不是20），且底长边小于3倍短边的为基坑；基槽是指槽底宽度在3m以内，且槽长大于3倍槽宽的为基槽。

1. 基本要求（见图8-30）

（1）基坑临边防护栏杆一般采用钢管搭设。

（2）防护栏杆采用两道栏杆形式，上道栏杆离地1200mm，下道栏杆离地600mm，立杆间距不超过2000mm，立杆与基坑边坡的距离不小于500mm。

（3）防护栏杆内侧满挂密目安全网，防护栏杆外侧设置200mm高踢脚板。

（4）防护栏杆和踢脚板刷红白（或黄黑）相间安全警戒色。

（5）防护栏杆外侧应设置排水沟，采取有组织的排水。

（6）基坑周边设置夜间警示灯。

（7）防护栏杆外侧悬挂安全提示牌。

（8）基坑内必须设置专用人员上下安全通道。

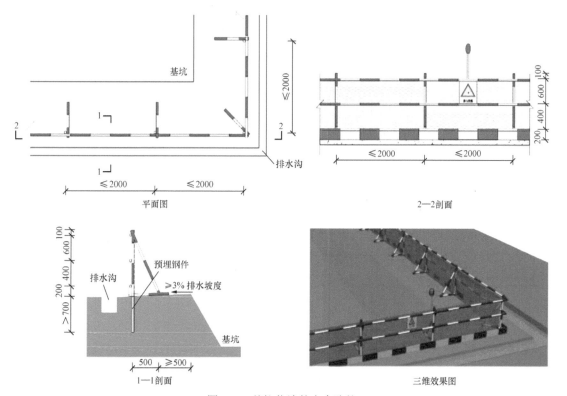

图8-30 基坑临边的安全防护

2. 基坑临边现场（见图8-31）

**二、深基坑临边安全防护**

深基坑是指底面积在27m²以内，且底长边小于3倍短边，开挖深度超过5m（含5m）或地下室3层以上（含3层），或深度虽未超过5m，但地质条件和周围环境及地下管线特别复杂的工程，反之则为浅基坑。

1. 基本要求

（1）深基坑的安全防护要求应与基坑相同。

图8-31　基坑临边防护现场

（2）深基坑必须设置安全通道，安全通道要有防滑条，两侧要设防护栏杆，如图8-32所示。

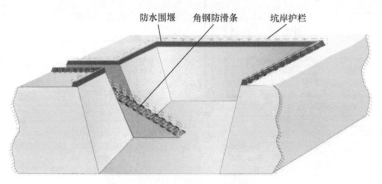

防水围堰　　角钢防滑条　　坑岸护栏

图8-32　深基坑安全通道

2. 深基坑安全通道现场（见图8-33）

图8-33　深基坑安全通道现场

## 第五节　卸料平台安全防护

卸料平台是专为建筑施工过程中，方便运输物料或设备而搭设的临时输送平台。

一、卸料平台安全防护（见图8-34）

（1）卸料平台应根据规范和使用情况进行专项设计，用料、搭设尺寸和搭设方法应符合规范要求。

（2）卸料平台周边应采用钢管搭设三道防护栏杆，第一道防护栏杆距底座上表面1200mm，第二道距底座上表面600mm，第三道距底座上表面200mm；平台底部应设200mm高踢脚板，立杆间距不大于2000mm。

（3）防护栏杆内侧满挂密目安全网。

（4）防护栏杆及踢脚板均涂刷红白（或黄黑）安全警戒色。

（5）平台围挡内右侧挂有"卸料平台告示牌"，左侧挂安全提示牌。

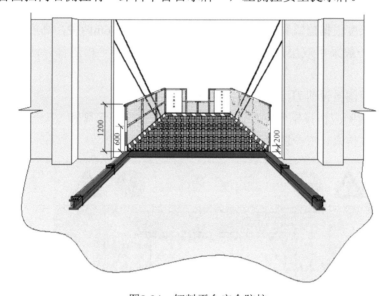

图8-34 卸料平台安全防护

二、卸料平台现场（见图8-35）

(a)

(b)

图8-35 卸料平台现场

(a)卸料平台外景图；(b)接料平台实景图

# 第六节 人行通道安全防护

人行通道是专为工作人员进出施工现场而搭设的落地式安全通道。为防止高处落物砸伤工作人员，在人行通道上方搭建一个安全防护棚。通常安全防护棚应搭设在工作人员流动密集，且周边上方有高处作业的场所。

## 一、人行通道防护棚的安全防护

### 1. 基本要求（见图8-36）

（1）安全防护棚通常采用钢管扣件搭设。

（2）防护棚长度根据建筑物坠落半径确定，一般为3m、6m两种，高度一般为4.5m。

（3）防护棚一般采用双层顶棚形式，顶层用厚50mm脚手板满铺，两层板之间应保持700mm间距。

（4）防护棚两侧搭设剪刀撑，并满挂密目安全网。

（5）防护棚两侧应搭设钢管立柱，在进口处张挂安全警示牌和安全宣传语，防护棚内的通道可挂安全宣传语、安全图片、安全制度、安全提示牌等。

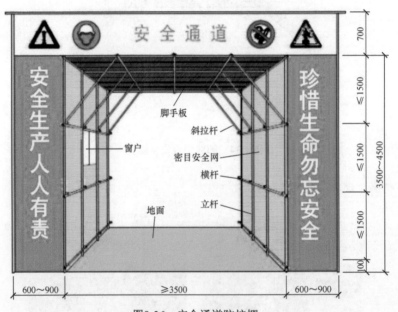

图8-36 安全通道防护棚

### 2. 安全通道防护棚现场（见图8-37）

## 二、上人斜道的安全防护

上人斜道是由立杆、大横杆、小横杆、斜横杆、斜道板搭建的，如图8-38所示。

### 1. 基本要求

（1）当高度小于6m时宜采用一字形斜道，高度大于6m时采用之字形斜道。

（2）上人斜道的宽度不小于1m，坡度1:3；运料通道宽度1.5m，坡度1:6。

（3）斜道上的脚手板应每隔30cm设置一道防滑条，木条厚度为3cm。

图8-37 安全通道防护棚现场

（a）安全通道防护门； （b）安全通道走廊

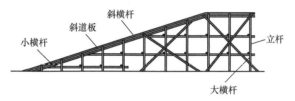

图8-38 上人斜道的搭设

（4）斜道两侧及平台周边应用钢管搭设3道防护栏杆，第一道防护栏杆距底座上表面1200mm，第二道距底座上表面600mm，第三道距底座上表面200mm。防护栏杆内侧满挂密目安全网，平台周边设200mm高踢脚板，立杆间距不大于2000mm。栏杆及踢脚板均刷红白（或黄黑）安全警戒色。

2. 上人斜道现场（见图8-39）

图8-39 上人斜道现场

（a）上人斜道门； （b）上人斜道走廊

# 第七节 电气设备安全防护

电气设备主要是指工业上使用的与电有关的设备，是由电源和用电设备两部分组成。常见的电气设备主要有电动机、变压器、电缆、现场就地盘（柜）等，其变配电室主要有配电室、蓄电池室、电子设备间、控制室、计算机室、通信室等。

## 一、电动机安全防护

（1）在电动机醒目位置安装设备标志牌。

（2）在电动机联轴器上应装设牢固的红色防护罩，防护罩大小应将联轴器全部罩住，并在防护罩上标注转动方向，颜色为白色，如图8-40所示。

（3）高压电动机接线盒上应装设"高压危险"警告标志或"高压危险"警示文字。

（4）电动机外壳应有明显的接地线，接地线应涂15～100mm宽度相等的绿色和黄色相间的条纹，如图8-41所示。

图8-40 电动机防护罩　　　　　　　　　图8-41 电动机接地线

（5）电动机事故停止按钮应装设防护罩，并写明按钮名称，如图8-42所示。

（6）电动机的电源电缆上应挂有电缆标志牌，标志牌应写明电缆编号、型号、始点、终点等。

（7）电动机周围应画出安全警戒线，距离为0.8m，如图8-43所示。

0.8m

图8-42 事故按钮防护罩　　　　　　　　图8-43 电动机安全警戒线

二、变压器安全防护

（1）变压器的适当位置应配置设备标志牌，如图8-44所示。

图8-44　变压器标志牌

（2）变压器围栏上应悬挂"禁止烟火"标志牌、"止步、高压危险"标志牌、"防火重点部位"文字标志牌等，如图8-45所示。

图8-45　变压器围栏上安全标志牌

（3）风冷变压器的冷风器上应分别标明编号、名称标志牌，并标明风扇转向。

（4）变压器爬梯、结构架爬梯上均应装设爬梯防护门（遮栏门），门上悬挂安全标志牌，门正面应挂"禁止攀登 高压危险"标志牌，门背面应挂"从此上下"标志牌。如图8-46所示。

（5）变压器放油门上应挂有"禁止操作"标志牌。

（6）变压器室入口处配置设备编号、名称标志牌，并配置"禁止烟火"标志牌、"必须戴安全帽"标志牌、"防火重点部位"文字标志牌等，如图8-47所示。

（a）　　　　　　　　　　　　　　（b）

图8-46　爬梯防护门上标志牌

（a）变压器爬梯防护门；（b）结构架爬梯防护门

图8-47　变压器室入口处安全标志牌

### 三、电缆敷设安全防护

**1. 电缆的安全防护**

（1）电缆两端应悬挂标明电缆编号、起点、终点、规格的名称标志牌，如图8-48所示。

（2）电缆穿墙进出两端和防火隔断两侧至少1m应涂刷防火涂料或其他阻燃物质，如图8-49所示。

（3）在多个电缆头并排安装的地方，应在电缆头间加隔板或填充阻燃材料。

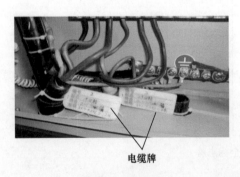

电缆牌

图8-48　电缆牌

（4）电缆中间接头盒的两侧及其邻近区域，应增加防火包带等阻燃措施。

（5）电缆敷设在易积粉尘或易燃的地方时，应采取封闭电缆槽或穿电缆保护管。

**2. 电缆夹层的安全防护**

（1）电缆夹层入口应配置建筑物名称标志牌、"禁止烟火"禁止标志牌、"必须戴安全帽"标志牌、"防火重点部位"文字标志牌等，如图8-47所示。

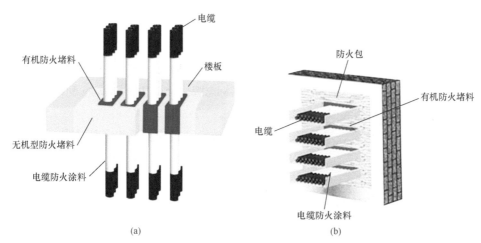

图8-49 电缆防火封堵

（a）穿楼板封堵； （b）穿墙封堵

（2）电缆夹层门应采用防火防爆材料制作。

（3）电缆夹层入口有效高度低于1.8m处应标注"防止碰头线"。

（4）电缆夹层入口处应加装高度不低于400mm的防小动物板，防小动物板在工作需要或特殊情况下应能易于取下。

（5）电缆夹层的照明电压应采用36V以下的安全电压。

3. 电缆隧道（沟）和电缆桥架的安全防护

（1）电缆隧道入口应配置"必须戴安全帽"、"注意通风"标志牌，"防火重点部位"文字标志牌等，整个电缆隧道走向图，如图8-50所示。

图8-50 电缆隧道入口处安全标志牌

（2）电缆隧道入口盖板上应有禁止阻塞线。如图8-51所示。

（3）电缆隧道内有效高度低于1.8m，且低于隧道其他位置处应标注"防止碰头线"。

（4）电缆隧道内宜挂适当数量的"当心碰头"文字标志牌。

（5）电缆隧道主隧道、各分支拐弯处应在醒目位置挂整个电缆隧道走向图标志牌，并在电缆隧道走向图上醒目位置标注所处位置及各出入口位置。

（6）电缆隧道内应设置指向最近安全出口处的导向箭头。

（7）电缆沟的照明电压应采用36V以下的安全电压。

**四、现场就地盘（柜）安全防护**

（1）落地式就地盘（柜）前及两侧0.8m标注安全警戒线。

（2）盘（柜）门楣处或门楣正上方应配置设备标志牌。后开门柜前后均应配置设备标志牌。

（3）盘柜接地线处应有接地标志。

（4）盘（柜）上的仪表、操作开关、按钮、转换开关应配置设备标志牌，置于其正下方10～20mm。

（5）柜内仪表应有设备标志牌，配置于固定仪表的支架上。

（6）进出盘（柜）的控制电缆应有标明电缆编号、起点、终点、规格的名称标志牌，悬挂于电缆两端部，如图8-52所示。

图8-51　电缆隧道入口盖板

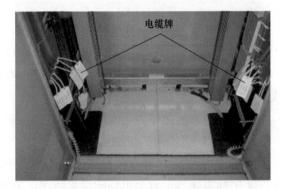

图8-52　盘（柜）控制电缆牌

（7）控制箱、端子箱应有设备标志牌，配置于控制箱、端子箱正面板上2/3高度处或将标志牌固定于控制箱、端子箱门的醒目位置。

（8）控制箱上的操作开关、按钮、转换开关应配置设备标志牌。

（9）进出就地控制箱、端子箱的电缆应有标明电缆编号、起点、终点、规格的名称标志牌，悬挂于电缆两端部，如图8-53所示。

（10）检修电源箱的门上应设置"当心触电"标志牌。在检修电源箱门内侧或附近张贴"检修电源使用管理规定"，写明电源箱管理，临时电源使用等有关规定及相关注意事项，如图8-54所示。

**五、配电室安全防护**

配电室包括高低压开关室、直流配电室、动力配电箱、成套配电装置等。

（1）配电室入口处醒目位置应配置标明电压等级、编号的名称标志牌。

（2）配电室醒目处悬挂"未经许可　不得入内"标志牌。

（3）配电室出入口门应向外开启，并选用室内开门不用钥匙的自动门锁。

（4）配电室入口应加装高度不低于400mm的防小动物板。防小动物板在工作需要或特殊情况下应能易于取下，如图8-55所示。

电缆牌

图8-53　控制箱的控制电缆牌

图8-54　检修电源箱门标志牌

（5）配电室通风孔、穿墙孔洞、百叶窗均应安装网栅，以防小动物进入。

（6）配电室内交直流配电柜（开关柜）屏前0.8m处应标注安全警戒线，如图8-56所示。

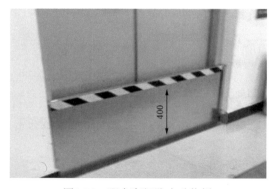

图8-55　配电室门防小动物板

图8-56　开关柜0.8m应标注安全警戒线

（7）屏柜的备用间隔应用盖板盖住，并在盖板上标注禁止阻塞线，如图8-57所示。

图8-57　备用间隔盖板

（8）交直流配电柜（屏）前后门楣处均应有设备或柜（屏）名称、编号标志牌。

（9）手车式开关柜应配置设备标志牌，标志牌应安装于柜前、后门上。

（10）成套式开关柜应配置设备标志牌，标志牌应安装于柜前、后门上。

（11）安装于操作柜面板上的组合电器，应标有单元设备名称、编号的名称标志牌，安装于单元器件下方的中部。

（12）配电室应安装事故通风设备，通风机应能在配电室外进行启、停操作。

### 六、蓄电池室安全防护

（1）蓄电池室门上应配置名称标志牌。

（2）蓄电池室入口醒目位置应配置"注意通风"警告标志牌、"禁止烟火"标志牌、"防火重点部位"文字标志牌等，如图8-58所示。

图8-58　蓄电池室入口处安全标志牌

（3）蓄电室照明、排风机和空调机应使用防爆型，开关、熔断器、插座等应装在蓄电池室的外面。

（4）蓄电池室内醒目位置应悬挂"当心腐蚀"标志牌。

（5）蓄电池室内应装设紧急洗眼水龙头，并在水龙头上方0.5m处悬挂"紧急洗眼水"标志牌。

### 七、电子设备间安全防护

（1）电子设备间入口醒目位置应设置"安全须知"文字标志牌。

（2）电子设备间应配置建筑物标志牌。

（3）电子设备间入口醒目位置设置"禁止烟火"标志牌、"防火重点部位"文字标志牌等，如图8-59所示。

（4）电子设备间门应上锁，从外面锁定时，从内部不使用钥匙应能开启。

（5）当电子间与控制室分开时，入口处应加装高度不低于400mm的防小动物板，如图8-60所示。

（6）电子设备间的套间门、联络门应有名称标志牌。

（7）电子设备间应有温度计和湿度计。

（8）电子设备间控制柜、端子柜、保护柜应有设备标志牌。标志牌固定在门楣处或门楣上方。对于前后开门的控制柜其前后都要有相同的标志牌。

图8-59 电子设备间入口处安全标志牌

图8-60 电子设备间防小动物板

（9）控制柜应可靠接地，箱门和柜体均应与接地体连接。进出控制柜、端子柜、保护柜的电缆应有标明电缆编号、起点、终点、规格的名称标志牌，悬挂于电缆两端部，如图8-61所示。

图8-61 保护柜内电缆牌

八、控制室、计算机室、通信室安全防护

（1）控制室、计算机室、通信室安全防护所有门的外侧配置建筑物标志牌。

（2）无人值守的控制室门口处应加装高度不低于400mm的防小动物板，如图8-60所示。

（3）控制室、计算机室、通信室入口处醒目位置应配置"禁止烟火"、"未经许可 不得入内"标志牌，"防火重点部位"文字标志牌等，如图8-62所示。

图8-62 控制室、计算机室、通信室入口处安全标志牌

（4）在有微机保护、高频保护的室内入口配置"禁止使用 无线通信"标志牌。

（5）室内控制盘（台）、配电盘（柜）两侧及前面0.8m标注安全警戒线，如图8-63所示。

图8-63　配电盘安全警戒线

（6）控制室、计算机室、通信室安全出口上方位置设置"紧急出口"标志牌。

# 第八节　转动机械安全防护

转动机械是由驱动装置、变速装置、传动装置、工作装置、制动装置、防护装置、润滑系统、冷却系统等部分组成。转动机械可造成碰撞、夹击、剪切、卷入等人身伤害。其安全防护如下：

（1）在转动机械醒目位置安装设备标志牌。

（2）转动机械联轴器上应装牢固的红色防护罩，防护罩的大小应将联轴及联轴器连接的螺栓一起罩起来。

（3）转动机械的红色防护罩应标注机械转动方向，颜色为白色。防护罩安装时，要注意其上面的转动方向与电动机转动方向一致，如图8-64所示。

（4）落地安装的转动机械周围（0.8m）应标注安全警戒线，如图8-65所示。

图8-64　转动机械防护罩

图8-65　转动机械安全警戒线

# 第九节 管道容器安全防护

管道、容器是指用于生产工艺流程需要输送或储存介质的管道和容器。常见的介质有水、汽、气、粉、风、烟等，其安全防护如下。

## 一、管道

管道着色标识主要是用于告知管道内流动介质的名称、流向和性质，提醒工作人员针对不同介质的特点来采取相应的安全防护措施。

1. 管道基本识别色

（1）根据管道内物质的一般性能可分为八类，其基本识别色、颜色标准编号及色样见表8-3。

表 8-3　　　　　　　　　　　　工业管道基本识别色

| 物 质 种 类 | 基本识别色 | 色 样 | 颜色标准编号 |
|---|---|---|---|
| 水 | 艳绿 | | G03 |
| 水蒸气 | 大红 | | R03 |
| 空气 | 淡灰 | | B03 |
| 气体 | 中黄 | | Y07 |
| 酸或碱 | 紫 | | P02 |
| 可燃液体 | 棕 | | YP05 |
| 其他液体 | 黑 | | |
| 氧气 | 淡蓝 | | PB06 |

（2）基本识别色标识方法。

1）管道全长上标识，如图8-66（a）所示。

2）在管道上以宽为150mm的色环标识，如图8-66（b）所示。

3）在管道上以长方形的识别色标牌标识，如图8-66（c）所示。

4）在管道上以带箭头的长方形识别色标牌标识，如图8-66（d）所示。

5）在管道上以系挂的识别色标牌标识，如图8-66（e）所示。

（3）当采用色环、识别色标牌标识方法时，两个标识之间的最小距离应为10m。

（4）识别色标牌的最小尺寸应以能清楚观察识别色来确定。

（5）当管道采用色环、识别色标牌标识方法时，其标识的场所应包括所有管道的起点、终点、交叉点、转弯处、阀门和穿墙孔两侧等的管道上和其他需要标识的部位。

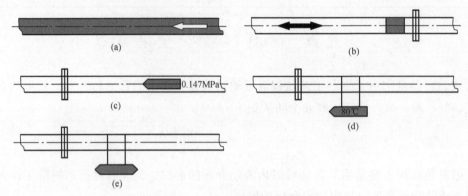

图8-66　工业管道基本识别色标识

2. 识别符号

工业管道的识别符号由物质名称、流向和主要工艺参数等组成，其标识应符合下列要求：

（1）物质名称的标识。

1）物质全称。例如：氮气、硫酸、甲醇。

2）化学分子式。例如：$N_2$、$H_2SO_4$、$CH_3OH$。

（2）物质流向的标识。

1）工业管道内物质的流向用箭头表示，如果管道内物质的流向是双向的，则以双向箭头表示，如图8-67所示。

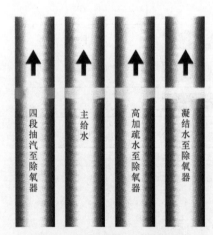

图8-67　管道着色及介质流向

2）当基本识别色的标识方法采用带箭头的长方形识别色标牌、系挂的识别色标牌时，则标牌的指向就作为表示管道内的物质流向。如果管道内物质流向是双向的，则标牌指向应做成双向的。

（3）物质的压力、温度、流速等主要工艺参数的标识，可按需自行确定采用。

（4）字母、数字的最小字体，以及箭头的最小外形尺寸，应以能清楚观察识别符号来确定。

3. 安全标识

（1）危险标识。

1）适用范围。管道内的物质，凡属于危险化学品，其管道应设置危险标识。

2）表示方法。在管道上涂150mm宽黄色，在黄色两侧各涂25mm宽黑色的色环或色带，安全色范围应符合规定。

3）表示场所。基本识别色的标识上或附近。

（2）消防标识。工业生产中设置的消防专用管道应遵守《消防安全标志》的规定，并在管道上标识"消防专用"识别符号。标识部位、最小字体应以能清楚观察识别符号来确定。

**二、阀门标志牌**

（1）阀门标志牌应标明阀门名称、编号和开启、关闭操作方向，如图8-68所示。

（2）阀门标志牌采用带三角顶部的标志牌，安装于阀体连接支架处，如图8-69所示。

（3）取样、仪表管的阀门标志牌应固定在管壁上，不能采用铁丝悬挂。

图8-68 阀门标志牌

**三、容器设备标志牌**

（1）容器上应安装设备标志牌。

（2）设备高度超过2m的，标志牌应安装于标志牌下沿距地面1.5m左右居中位置。

（3）设备高度低于2m的，标志牌应安装于设备中部，如图8-70所示。

图8-69 阀门标志牌的安装

图8-70 容器设备标志牌

# 第十节 危险化学品场所安全防护

危险化学品是指具有毒害、腐蚀、爆炸、燃烧、助燃等性质，对人体、设施、环境具有危害的剧毒化学品和其他化学品。常见的危险化学品场所有化学药品储放场所、化学试验（储存）室、水银场所、酸碱罐场所等。

**一、危险化学品安全防护**

（1）危险化学品应在具有"危险化学品经营许可证"的商店购买。不得购买无厂家标志、无生产日期、无安全技术说明书和安全标签的"三无"危险化学品。

（2）危险化学品必须专人管理，建立健全档案、台账，并有出入库登记。

（3）有毒、致癌、有挥发性等药品必须储放在隔离房间和保险柜内，保险柜应双锁、双人、双账管理。

（4）盛装药品的瓶子上应贴有标签，分类摆放。严禁使用没有标签的药品。

（5）忌水、忌晒的化学危险品应标注清楚，并妥善存放。

（6）失效、过期的化学危险品应分开存放。

（7）易起反应的化学药品储放在相邻地方时，必须采取可靠的物理隔离。严禁将氧化性和还原性物质同屋存放，如图8-71所示。

二、化学试验（储存）室安全防护

（1）化学药品储存间（仓库）入口处应悬挂"当心腐蚀"标志牌。

（2）化验室必须装设通风柜和机械通风设备，如图8-72所示。

图8-71 氧化性和还原性物质不得同屋存放

图8-72 装设通风柜

（3）化验室必须装设淋浴喷头、洗眼装置、冲洗及排水设施，并在洗手池上方（0.5m）应悬挂"紧急洗眼水"标志牌。如图8-73所示。

(a)

(b)

图8-73 装设淋浴喷头、洗眼装置

(a)洗眼装置；(b)"紧急洗眼水"提示牌

（4）化验室应有自来水、消防器材，急救药箱、中和用药、毛巾、肥皂等物品，并在急救药箱上挂有"急救药箱"标志牌，如图8-74所示。

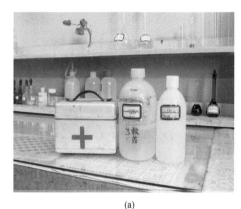

（a）　　　　　　　　　　　　　　　　　　　（b）

图8-74　化学试验室

（a）化验室急救药物；（b）"急救药箱"提示牌

（5）化学操作台上方应悬挂"必须戴防护眼镜"、"必须戴防护手套"标志牌，如图8-75所示。

图8-75　化学操作台上安全标志牌

（6）联氨加药间入口醒目位置应悬挂"当心中毒"、"当心腐蚀"标志牌；需加药设备醒目位置悬挂"必须戴防毒面具"标志牌，如图8-76所示。

图8-76　联氨加药间入口处安全标志牌

（7）在装有联氨、氯等有毒物品的管道、容器上应悬挂"当心中毒"标志牌。

（8）汽水取样地点醒目位置应配置"必须戴防护手套"标志牌。

（9）化学设备澄清池、工业废水池周围应装设固定防护围栏，并在围栏上悬挂"当心落水"标志牌。

（10）储放危险化学品应设置隔离房间，装设电子监控设备，挂上"当心中毒"标志牌。

（11）氯气室（屋）顶应装设喷淋设施，水阀门应装在室外，并有排气风扇。氯气瓶应涂有暗绿色"液氯"字样标志。严禁氯气瓶或加氯机靠近采暖设施。

（12）电解制氯间内应挂有"严禁烟火"、"当心中毒"、"当心腐蚀"标志牌，如图8-77所示。

图8-77　电解制氯间安全标志牌

（13）六氟化硫电气设备室必须装设机械排风装置，其排气口距地面高度应小于0.30m，并装有六氟化硫泄漏报警仪，且电缆沟道必须与其他沟道可靠隔离。

（14）现场应放置一个含有毒有害废弃擦拭材料的专用收集铁箱。

### 三、水银场所安全防护

（1）水银仪表修理场所应设在同一楼房内的底层，且与其他房间可靠隔离。

（2）室内应装设机械通风装置。

（3）室内墙壁应涂刷油漆，油漆的高度应占墙壁高度的2/3。

（4）室内地面应平滑、严密无缝（如水磨石地面），地面应略向一边倾斜，排水沟应有单独积水井。

（5）室内修理台应光滑无缝，四周边缘应高起，台面有一角应较低，以便水银流入到台下的容器内。

（6）定期测量室内含汞量。

### 四、酸碱罐场所安全防护

（1）酸碱储存槽（箱）或罐上应悬挂"当心腐蚀"标志牌。

（2）酸碱类工作的地点应备有自来水、毛巾、药棉以及急救时中和用的溶液。

（3）酸库应装设酸雾吸收装置。

（4）酸（碱）罐周围应设置不低于15cm围堰及固定式防护围栏，并挂有"当心腐蚀"标志牌，如图8-78所示。

（5）酸（碱）罐的玻璃液位管应装设金属防护罩，并挂有安全警示标志，如图8-79所示。

图8-78 酸（碱）罐周围设置围堰

图8-79 酸（碱）罐玻璃液位管装设金属防护罩

（6）酸（碱）储藏槽的槽口必须装设槽盖、防护围栏，并挂安全警示标志。

（7）地下或半地下酸（碱）罐的顶部必须有明显标识，盖板上不得站人，如图8-80所示。

（8）酸（碱）场所必须装设机械排风装置、淋浴喷头、洗眼装置、冲洗及排水设施。

（9）酸洗作业场所应配备足够量的石灰粉。

图8-80 酸（碱）罐盖板上不得站人

# 第十一节 燃煤（粉）场所安全防护

燃煤（粉）是容易燃烧的固体，也容易自燃，特别是遇高温、火星或经摩擦后很容易起火，所以，燃煤（粉）场所属于重点防火部位，安全防护措施如下：

（1）输煤系统各转运站入口两侧应配置设备标志牌和"禁止烟火""必须戴安全帽""必须戴防尘口罩"标志牌。

（2）输煤机械设备醒目位置应安装设备标志牌。

（3）输煤皮带应装设跨越通行桥及防护遮栏，并悬挂"从此跨越"标志牌，如图8-81所示。

跨越通行桥

图8-81　皮带上装设跨越通行桥

（4）输煤皮带两侧人行道应安装防护遮栏，并在遮栏上面悬挂一定数量的"禁止跨越"标志牌，如图8-82所示。

（5）输煤皮带的廊道及各种有关设备间的入口配置"未经许可 不得入内"标志牌。

（6）输煤皮带落地驱动装置周围0.8m应标注安全警戒线。

（7）输煤系统各吊装孔应加装固定防护围栏，并在防护围栏上悬挂"当心坠落"标志牌。

（8）输煤系统吊装口加有盖板的，应在盖板上标注禁止阻塞线，如图8-83所示。

图8-82　皮带架两侧防护遮栏

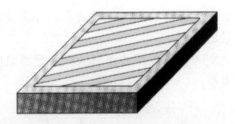

图8-83　吊装口盖板上划阻塞线

（9）输煤皮带尾部及滚筒应装设安全防护网，如图8-84所示。

（10）拉紧皮带的重锤周围应装设遮栏。遮栏上挂有"当心落物""禁止跨越"标志牌，如图8-84所示。

（11）输煤控制室、皮带间、转运站、煤仓间入口处醒目位置配置"禁止烟火"标志牌和"防火重点部位"文字标志牌。如图8-85所示。

（12）斗轮机应有完整的梯子及围栏，如图8-86所示。

（13）翻车机通道口门应上锁，并悬挂"未经许可　不得入内"标志牌。

（14）斗轮机、翻车机操作室的门窗应保持完好，窗户应加装遮栏，门应加闭锁。

(a)

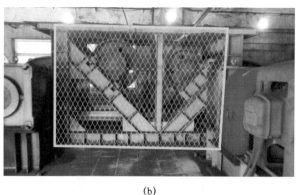

(b)

图8-84 皮带滚筒装设防护网

（a）皮带尾部装设防护网；（b）皮带滚筒防护网

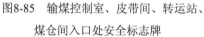

图8-85 输煤控制室、皮带间、转运站、
煤仓间入口处安全标志牌

图8-86 斗轮机设梯子及围栏

## 第十二节 燃油场所安全防护

燃油属于可燃液体。可燃液体是以闪点作为评价液体的火灾危险性，闪点越低，危险性就越大，闪点在45℃以下称为易燃液体，45℃以上称为可燃液体，如汽油、煤油、柴油等。燃油场所属于重点防火部位。

### 一、油区安全防护

（1）油区出入口醒目位置应配置"未经许可，不得入内"、"禁止烟火"、"禁止带火种"、"禁止使用无线通信"、"禁止穿带钉鞋"、"禁止穿化纤衣服"标志牌，"防火重点部位"文字标志牌，如图8-87所示。

图8-87　油区装设安全标志牌

（2）油区出入口醒目位置应配置"油区出入制度"、"防火重点部位"文字标志牌和带有"火种箱"标示的火种箱，如图8-88所示。

（3）油区大门内侧装设人体静电释放器，并在静电释放器上悬挂名称标志牌，如图8-89所示。

图8-88　油区大门　　　　　　　　　　图8-89　油区释放人体静电器

（4）油区的四周围墙高度不低于2m，围墙外醒目处悬挂"油库重地30m内严禁烟火"警告牌。

（5）油区必须装设避雷装置，避雷装置应可靠接地，并每年定期检测一次接地电阻，如图8-90所示。

（6）油区内孔洞、沟上部应设置盖板，盖板应用不产生静电、火花的材料制作。

（7）油区必须有消防车行驶的环形车道，并保持通畅。

（8）油管道应有明显的接地线，明敷的接地线表面应涂15～100mm宽度相等的绿色和黄色相间的条纹。油管道法兰必须装设环形跨接线（铜连接片厚2mm以上），如图8-91所示。

图8-90　油区装设防雷设施

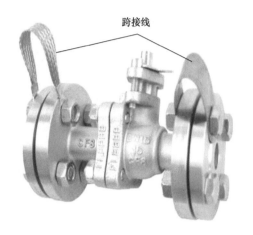

图8-91　油管道法兰装设跨接线

（9）油区内应安装在线消防报警装置，并备有足够的消防器材。

**二、油泵房安全防护**

（1）油泵房设备控制盘（柜）周围0.8m应标注安全警戒线。

（2）油泵房门窗应向外开，室内应有通风、排气设施。

（3）油泵房与操作室的监视窗应设双层玻璃。

**三、储油罐安全防护**

（1）储油罐周围应设有防火堤（墙），高度不低于1m，金属油罐应有淋水装置。

（2）油罐区应有排水系统，并装有闸门。着火时关闭闸门，防止油从下水道流出扩大火灾事故。

（3）储存轻柴油、汽油、煤油、原油的油罐顶部应装设呼吸阀。

（4）储存重柴油、燃料油、润滑油的油罐顶部应装设透气孔和阻火器。

**四、卸油区安全防护**

（1）卸油区平台处要配置醒目的"禁止烟火"标志牌。

（2）卸油区内铁道必须用双道绝缘与外部铁道隔绝。

（3）油区内铁路轨道必须互相用金属导体跨接牢固，并有良好接地装置，接地电阻不大于5Ω。

五、油区电气设备安全防护

（1）油区内照明灯具、开关、电源箱等一切电气设施应选用防爆型，如图8-92所示。

图8-92　防爆型电气设备

（2）油区内的电力线路必须是暗线或电缆，不准有架空线。

（3）油罐接地装置和电气设备接地线应分别装设，接地装置涂绿色和黄色条纹。

（4）油泵电动机外壳接地线必须完好，牢固可靠，如图8-93所示。

图8-93　电动机外壳接地

# 第十三节 燃气场所安全防护

燃气属于可燃气体。可燃气体是指能够与空气（或氧气）在一定的浓度范围内均匀混合形成预混气，遇到火源会发生爆炸的，燃烧过程中释放出大量能量的气体。可燃气体种类很多，如氢气（$H_2$）、一氧化碳（$CO$）、甲烷（$CH_4$）、乙烷（$C_2H_6$）、丙烷（$C_3H_8$）、丁烷（$C_4H_{10}$）、乙烯（$C_2H_4$）、丙烯（$C_3H_6$）、丁烯（$C_4H_8$）、乙炔（$C_2H_2$）、硫化氢（$H_2S$）等。燃气场所属于重点防火部位，其安全防护如下：

（1）储气站出入口应配置建筑物标志牌。

（2）储气站入口醒目位置应配置"未经许可，不得入内"、"禁止烟火"、"禁止带火种"、"禁止使用无线通信"、"禁止穿带钉鞋"、"禁止穿化纤衣服"标志牌，"防火重点部位"文字标志牌如图8-87所示。

（3）储气站入口醒目位置应设置"储氢站出入制度"、"防火重点部位"文字标志牌和带"火种箱"标示的火种箱，如图8-94所示。

图8-94 储气站入口处安全防护

（4）储气站入口门锁应使用碰撞时不产生火花的锁，如铜锁。

（5）储气站入口内部应装设人体静电释放器，并挂有"静电释放器"名称标志牌，如图8-89所示。

（6）气体储存室周围10m应设有围墙（也可适当减少，但需报当地公安部门批准），围墙高度不小于2m。围墙距厂内主要道路边不小于10m，距次要道路边不小于5m。

（7）储气站围墙外侧应有醒目的"气体重地30m内严禁烟火"安全警告牌。

图8-95 储气站装设防雷设施

（8）储气站应有可靠的防雷设施，避雷针与储气室自然通风口的水平距离不应小于1.5m，与强迫通风口的距离不应小于3m。每年定期检验一次接地电阻，如图8-95所示。

（9）储气室入口应配置"储气室内禁止脱衣"文字标志牌，入口配置"注意通风"标志牌。

（10）储气站内照明灯具、开关、电源箱等电气装置应采用防爆型，如图8-96所示。

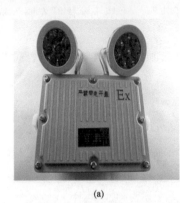

(a)

(b)

图8-96 防爆型电气设备

(a) 防爆型照明灯具；(b) 防爆型电源箱

（11）门窗应采用撞击时不产生火花的材料制作，且门窗均应向外开启，如图8-97所示。

（12）燃气管道应有明显的接地线，明敷的接地线表面应涂15～100mm宽度相等的绿色和黄色相间的条纹。燃气管道法兰必须装设环形跨接线（铜连接片厚2mm以上），如图8-98所示。

图8-97 制（储）气站门窗向外开

跨接线

图8-98 燃气管道法兰装设跨接线

# 第十四节　有毒有害场所安全防护

有毒有害场所是指存在或可能产生硫化氢、一氧化碳、甲烷和芳香烃类等有毒气体及有缺氧危险的封闭、半封闭设备、设施和地下管道等危险性场所。常见的有毒有害场所有污水池、排水管道、集水井、电缆井、化粪池、煤灰斗（仓）等。

## 一、沟道（池、井）内的安全防护

常见的沟道（池、井）场所有电缆沟、烟道、中水前池、污水池、化粪池、截门井、排污管道、地沟（坑）、地下室等。在沟道（池）内作业时，由于地下的污物、杂物容易发酵，聚集大量的有毒有害气体（如一氧化碳、硫化氢、二氧化硫、沼气等），人员吸入后会导致中毒窒息。其安全防护如下：

（1）打开沟道（池、井）的盖板或人孔门，保持良好通风。

（2）检测沟道（池、井）内的有害气体含量不超标。

（3）地下维护室至少打开2个人孔，每个人孔上放置通风筒或导风板，一个正对来风方向，另一个正对去风方向，确保通风畅通。

（4）当沟道（池、井）内通风不畅时，可装设鼓风机强制通风，严禁通入氧气，如图8-99所示。

（5）沟道（池、井）出入口处应装设脚蹬（间距30～40cm）或固定铁梯，并保持通道畅通，如图8-100所示。

图8-99　装设鼓风机强制通风

图8-100　装设脚蹬或固定铁梯

（6）沟道（池、井）内的作业场所照明充足，照明电压≤24V。

（7）地下沟道内的温度不得超过50℃。

图8-101 沟道（池、井）外悬挂提示牌

（8）沟道（池、井）外悬挂"在此工作"标志牌，如图8-101所示。

二、各类仓、斗、塔、罐的安全防护

常见的各类仓（斗、塔、罐等）主要有：灰仓（斗）、粉仓（斗）、脱硫塔、原煤仓、煤粉仓等。在仓（斗、塔、罐等）内作业时，由于空气不易流动，仓（斗、塔、罐等）内经常会聚集一氧化碳、硫化氢等有害气体等，人员吸入后会影响身体健康，重者会造成中毒窒息。其安全防护如下：

（1）清空仓（斗、塔、罐等）。

（2）关闭仓（斗、塔、罐等）的所有闸门，并上锁。

（3）打开仓（斗、塔、罐等）盖板，保持良好通风，必要时强制通风。

（4）检测仓（斗、塔、罐等）内的有害气体浓度，必要时可采用小动物试验方法，如图8-102所示。

（5）仓（斗、塔、罐等）内应架设梯子，且有逃生通道，如图8-103所示。

图8-102 用小动物检测有害气体

图8-103 仓（斗、塔、罐等）内架设梯子

（6）仓（斗、塔、罐等）内的温度不得超过50℃。

（7）仓（斗、塔、罐等）内照明充足，照明电压为12V。

（8）仓（斗、塔、罐等）外悬挂"在此工作"提示牌。

## 第十五节 易燃易爆场所安全防护

易燃物质是指在空气中容易发生燃烧或自燃放出热量的物质，如汽油、煤油、酒精等；易爆物质是指与空气以一定比例结合后遇火花容易发生爆炸的物质，如氢气、氧气、乙炔等。易燃易爆物质由于引燃、引爆后在短时间内释放出大量能量，具有迅速地释放能量的能力产生危害，或者是因其爆炸或燃烧而产生的物质造成危害。常见的易燃易爆物质有汽油、煤油、稀料、油漆、油脂、液氨、保温材料、防腐材料、氢气、氧气、乙炔等。

## 一、储存库房的安全防护

储存库房指的是储存易燃易爆物品的库房，其安全防护如下：

（1）库房的耐火等级不低于二级，消防安全布局符合防火要求。

（2）容积较小的仓库（储存量在50个气瓶以下）与其他建筑物的距离应不少于25m；较大的仓库与施工及生产地点的距离应不少于50m；与办公楼的距离应不少于100m。

（3）库房的门窗应采用耐火材料、应向外开，玻璃应用毛玻璃或涂白色油漆，地面砸击时不会发生火花，如图8-104所示。

（4）库房内的电气设备应选用防爆型，并有隔热保温、通风排气设施。

（5）库房内应装设气体、烟雾等报警装置。

（6）库房内安全出口畅通，且无障碍物。

（7）库房内应有完备的消防器材和消防设施，如图8-105所示。

图8-104　门向外开

图8-105　库房内消防器材

（8）库房门应悬挂"禁止烟火"、"禁止带火种"等标志牌，如图8-106所示。

（9）储存气瓶仓库周围10m以内，不得堆置可燃物品，不得有明火。

（10）氧气、乙炔瓶应存放在不同的仓库中，仓库门口醒目位置应悬挂"禁止烟火"标志牌。

（11）仓库内放置的氧气、乙炔瓶，空瓶和满瓶应分开放置，并在醒目位置设置"空瓶区"和"满瓶区"文字标志牌，如图8-105所示。

## 二、压缩气瓶的安全防护

（1）气瓶应按规定涂色和标字，气瓶标识见表8-4。

图8-106 库房门悬挂安全警示牌

图8-107 仓库内放置气瓶

表8-4 气瓶标识

| 序号 | 气瓶类别 | 图示 | 气瓶颜色与标字 |
|---|---|---|---|
| 1 | 氧气瓶 | | 气瓶为蓝色；用黑颜色标明"氧气"字样 |
| 2 | 乙炔气瓶 | | 气瓶为白色；用红色标明"乙炔"字样 |
| 3 | 氮气瓶 | | 气瓶为黑色；用黄色标明"氮气"字样 |
| 4 | 二氧化碳气瓶 | | 气瓶为铝白色；用黑色标明"二氧化碳"字样 |

（2）气瓶应定期检验，并粘有"检验合格证"标识，检验周期如下：

1）盛装一般气体的气瓶，每3年检验一次。

2）盛装腐蚀性气体的气瓶，每2年检验一次。

3）盛装惰性气体的气瓶，每5年检验一次。

4）液化石油气瓶，使用未超过20年的，每5年检验一次；超过20年的，每2年检验一次。

（3）氧气瓶的减压器应涂蓝色；乙炔发生器的减压器应涂白色，不得混用。

（4）每个氧气减压器和乙炔减压器上只允许接一把焊炬或一把割炬。

（5）氧气软管应用1.961MPa的压力试验，乙炔软管应用0.490MPa的压力试验。

（6）气瓶上应套两个厚度不少于25mm的防振胶圈，分设在两端附近，瓶口戴防护帽，手轮完好。如图8-108所示。

（7）气瓶应分类存放，有气瓶和空瓶应分开，用过的瓶上应注明"空瓶"，有缺陷的瓶上应注明"有缺陷"。

（8）气瓶用后应剩余0.05MPa以上的残压，可燃性气体应剩余0.2～0.3MPa。氧气瓶内的压力降至0.196MPa时，严禁使用。

（9）气瓶摆放应直立地面上，固定牢固。不得瓶压存放，不得靠近火、电、热、油等物质，如图8-109所示。

图8-108 气瓶两个套防振胶圈

图8-109 气瓶不得靠近易燃易爆物质

（10）氧气瓶不得与乙炔气瓶或其他可燃气体的气瓶储存于同一仓库。

（11）露天气瓶应用帐篷或轻便的板棚遮护，不得暴晒，如图8-110所示。

（a）

（b）

图8-110 氧气棚、乙炔棚

（a）氧气棚；（b）乙炔棚

三、易燃易爆场所的安全防护

（1）对易燃气体含量的安全防护：

1）氢气系统动火检修，应保证系统内部和动火区域的氢气含量不超过0.4%。

2）氨气系统动火检修，应保证系统内部和动火区域的氨气体积分数最高含量不超过0.2%。

3）油系统动火检修，应保证系统内部和动火区域的油气含量不超过0.2%。

4）天然气（甲烷）系统动火检修，应保证系统内部和动火区域的天然气含量不超过1%。

（2）在易燃易爆区域进行作业时，工器具为铜质，电气机具为防爆型。

（3）易燃易爆场所醒目位置应设置"禁止烟火"标志牌。

（4）检修作业区域逃生通道畅通、清晰。

（5）消防设施的安全环境：

1）检修区域消防栓开启正常，水压满足要求，水龙带、喷头齐全。

2）灭火器材压力正常，且在有效期内，如图8-111所示。

3）消防沙箱满沙，如图8-112所示。

图8-111　灭火器材　　　　　　　　　图8-112　消防沙箱

4）自动报警消防系统运行正常，如图8-113所示。

图8-113　消防系统运行正常

# 第九章 典型作业安全防护

## 第一节 概 述

作业现场是由人、物和环境所构成的一个生产场所，它实际上也是一个"人工环境"。在这个人工环境里，有生产工作人员，有生产用的各种设备装置、原材物料、产成品、各类工具和其他杂物，还有作为设备动力源的蒸汽、电、燃油等，为保证工作人员的作业安全，就必须提供一个安全的作业环境。

安全作业环境是指施工或检修作业区域内的环境及装置（设备、设施等）和其他空间要素，自身具备较高的安全稳定可靠性，不对外输出并能够有效抵御外部输入事故风险，在人员失误或装置故障时，仍能保障不发生人身事故的特性。其作业安全防护如下：

（1）工作场所的自然光或照明应充足，照度符合规定要求。作业场所需要增加临时照明时，照明灯具的悬挂高度应高于2.5m，低于2.5m的照明灯具应有保护罩。易燃易爆场所应使用防爆型照明灯具，如图9-1所示。

（2）工作场所安全警示标识齐全、规范、完整。

（3）建筑物及设备、设施等名称、编号和介质色标、流向等标识规范、清晰、完整。

（4）设备零部件、材料、工器具等应定置放置，标识清楚，如图9-2所示。

图9-1 防爆型照明灯具

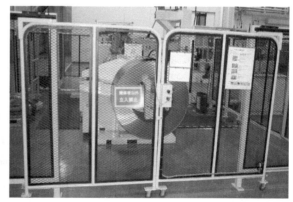

图9-2 设备零部件定置放置

（5）工作场所地面平整、无杂物，临边、洞口等边缘无堆积物。通道及上部有效空间、出入口、楼梯等处畅通，如图9-3所示。

（6）工作场所不得长期存放易燃易爆物品。如汽油、煤油、油漆、易燃包装物等，如图9-4所示。

（7）作业区域内及其临近的井、坑、孔、洞、沟道上部盖板应牢固，并与地面平齐；

如果盖板被暂时移除（如异地修复），应在四周装设坚固的临时防护栏杆，并在明显位置设置"当心坠落"警示牌。承重盖板上应有明显的承载标识，如图9-5所示。

图9-3　门前不得架设梯子

图9-4　作业场所不得长期存放易燃易爆物品

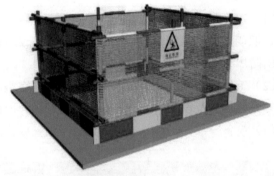

图9-5　井、坑、孔、洞、沟道设置临时栏杆

图9-6　拆除固定围栏需设置临时遮栏

（8）各升降口、吊装孔、楼梯、平台及步道等应装设防护栏杆。防护栏杆高度不低于1050mm，踢脚板高度不低于100mm，栏杆间距不大于380mm，立柱间距不大于1000mm。如因作业需要将固定围栏拆除时，必须装设坚固的临时遮栏，并在明显位置设置"当心坠落"标志牌，如图9-6所示。

（9）转动机械（如联轴器、链条及裸露部分等）必须装设防护罩或其他防护设施（如栅栏），且牢固、完整，如图9-7所示。

（10）高温容器、管道等表面应保温完好。当环境温度在25℃时，保温层表面的温度一般不超过50℃。油系统周边的热管道或其他热体的保温层外面必须包有铝皮或铁皮，连接处扣缝严密，如图9-8所示。

图9-7　转动机械装设防护罩

保温层

图9-8　高热管道外应包保温层

（11）工作场所的噪声、粉尘、有毒有害气体含量不得超过规定值，见表9-1。

表 9-1　　　　　　　　　　　工作场所有害因素职业接触限值

| 有害因素名称 | 单位 | 限值 | | |
|---|---|---|---|---|
| | | 加权平均容许数值 | 短时间接触容许数值（15min） | 最高容许数值 |
| 噪声 | dB（A） | 85 | — | — |
| 氨 | mg/m³ | 20 | 30 | — |
| 二氧化硫 | mg/m³ | 5 | 10 | — |
| 二氧化氮 | mg/m³ | 5 | 10 | — |
| 甲醛 | mg/m³ | — | — | 0.5 |
| 硫化氢 | mg/m³ | — | — | 10 |
| 六氟化硫 | mg/m³ | — | — | 6000 |
| 一氧化碳 | mg/m³ | 20 | 30 | — |
| 煤尘 | mg/m³ | 4 | — | — |
| 氢氧化钠 | mg/m³ | — | — | 2 |
| 二氧化碳 | mg/m³ | 9000 | 18000 | — |
| 氯 | mg/m³ | — | — | 1 |
| 电焊烟尘 | mg/m³ | 4 | — | — |
| 石灰石粉尘 | mg/m³ | 8 | — | — |

（12）工作场所邻近设备的带电部分，必须装有坚固、完整的防护罩或其他防护设施，永久防护罩或防护设施的金属外壳应接地良好，安全距离满足要求，如图9-9所示。

（13）临时用电设备的断路器、隔离开关等保护罩完整，电缆绝缘完好，未接触热源；漏电保护器动作可靠，试验良好。

（14）作业过程中产生的有毒有害、易燃易爆废弃物，分类放置在专用密闭容器内，如图9-10所示。

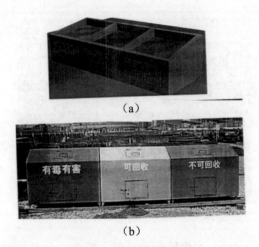

(a)

(b)

图9-9　防护设施的金属外壳接地　　　　图9-10　废弃物专用容器

（a）标准图；（b）实物图

（15）在密闭容器、封闭环境内作业时，预留逃生通道不得少于1条。如进行有可能发生中毒、窒息、火灾、爆炸、淹溺等危险性作业，应事先开展应急逃生演练，如图9-11所示。

图9-11　开展应急逃生演练

# 第二节　高处作业安全防护

高处作业是指距基准面2m及以上有可能坠落的场所进行的作业。高处作业包括高处安装、维护、拆除和登高架设作业等。其中，登高架设作业是指在高处从事脚手架、跨越架架设或拆除的作业。其作业安全防护如下：

（1）在离坠落高度基准面2m及以上的场所工作时，应搭设脚手架。在没有脚手架或者在没有栏杆的脚手架上工作，高度超过1.5m时，必须有悬挂安全带的结实牢固构件或专为挂安全带用的钢丝绳，如图9-12所示。

（2）当高处行走区域不能装设防护栏杆时，有1050mm高且结实牢固的安全水平扶绳，且每隔2m有一个固定支撑点，如图9-13所示。

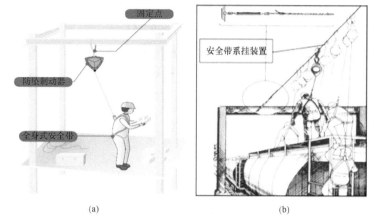

图9-12　正确系挂安全带

（a）挂安全带结实牢固构件；（b）挂安全带专用钢丝绳

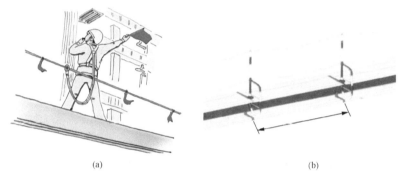

图9-13　装设安全水平扶绳

（a）安全水平扶绳；（b）固定支撑点

（3）使用梯子进行高处作业时，梯子必须坚固完整，梯阶的距离应为30～40cm。单梯与地面夹角为60°左右，底脚应有止滑脚且固定牢固，顶端捆扎牢固；人字梯应有止滑脚和限制开度的拉撑装置，如图9-14所示。

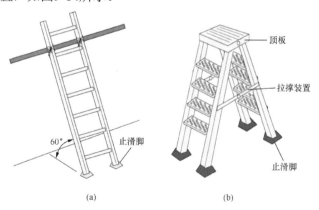

图9-14　正确使用梯子

（a）单梯；（b）人字梯

（4）高处作业的工作地点下部有临时围栏，围栏上悬挂"当心落物"标志牌。

（5）高处临边作业时，临空面应设置牢固的不低于1050mm高的防护栏杆和不低于180mm高的踢脚板，必要时下方设置安全网，如图9-15所示。

（6）坡度大于1:2.2屋面的高处作业，防护栏杆应高于1.5m，并加挂密目式安全立网。

（7）在石棉瓦、铁皮板、采光浪板、装饰板等轻型天棚上作业时，应铺设坚固的垫板，下方满挂安全网，如图9-16所示。

图9-15　高处临边作业　　　　　　　图9-16　简易结构天棚上铺设垫板

（8）在不坚固或承载力不确定的结构上应有明显"禁止站立"、"禁止行走"标志牌，如图9-17所示。

（9）遇大雾、雨雪天气或6级及以上大风等恶劣天气，禁止露天高处作业，如图9-18所示。

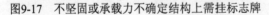
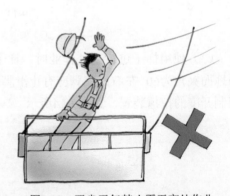

图9-17　不坚固或承载力不确定结构上需挂标志牌　　　图9-18　恶劣天气禁止露天高处作业

## 第三节　悬空作业安全防护

悬空作业是指在无立足点或无牢靠立足点的条件下进行的高处作业，或指在工作点活动面积小、四边临空的条件下进行的高处作业。常见的悬空作业有：吊篮、移动平台、高空作业车等。

**一、吊篮安全防护**

吊篮是悬挂机构设于建筑物上，提升机驱动悬吊平台通过钢丝绳沿立面升降运行的一种悬挂设备。它是由工作平台、悬挂机构、提升机、配重、安全锁、升降绳（工作钢丝绳）、保险绳（安全钢丝绳）、挂安全带绳、电气控制系统组成。如图9-19所示。

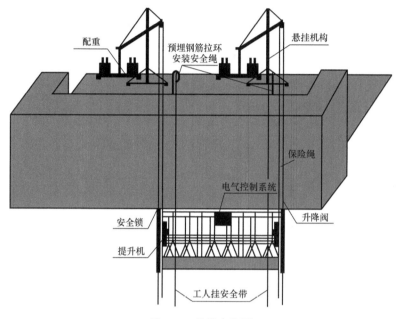

图9-19　吊篮安装图

1. 吊篮安全防护

（1）吊篮必须具有生产许可证、产品合格证和检验合格证，并有出厂报告。

（2）吊篮工作平台长度不宜超过6000mm，并装设防护栏杆。靠建筑物一侧栏高不应低于800mm，其余侧面栏高均不得低于1100mm，护栏应能承受1000N水平移动的集中载荷。栏杆底部应装设高180mm踢脚板，如图9-20所示。

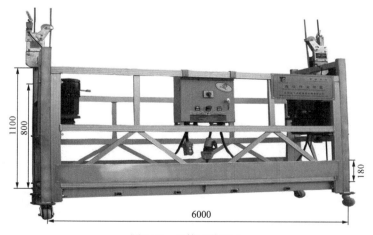

图9-20　吊篮工作平台

（3）吊篮工作平台的门应向内开，门与吊篮应安装电气连锁装置。

（4）悬臂机构的前、后支架及配重铁应安装在屋顶上，每台吊篮的2支悬臂，配重应满足吊篮的安全使用要求。

（5）吊篮钢丝绳不应与穿墙孔、吊篮的边缘、房檐等棱角相摩擦，其直径应根据计算决定。吊物的安全系数不小于6，吊人的安全系数不小于14。

（6）使用手扳葫芦应装设防止吊篮平台发生自动下滑的闭锁装置，如图9-21所示。

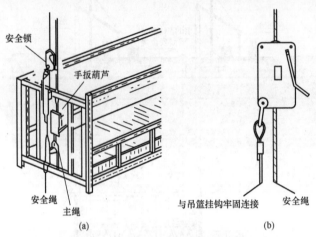

图9-21　吊篮上的手扳葫芦

（a）吊篮；（b）手扳葫芦

（7）吊篮必须装设独立的安全绳，安全绳上必须安装安全锁，如图9-22所示。

（8）吊篮必须装设上下行程限位开关和超载保护。

（9）电动提升机构应配有两套独立的制动器。

（10）操作装置应安装在吊篮平台上，操作手柄上应有急停按钮，如图9-20所示。

（11）吊篮平台应在明显处标明最大使用荷载。

（12）吊篮上的电气设备必须具有防水措施。

（13）超高空作业（如烟囱防腐等）必须装设摄像头监控，覆盖画面应包括吊篮作业面及吊篮承重架的关键部位，保证实时跟踪监控，如图9-23所示。

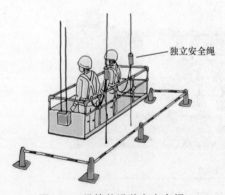

图9-22　吊篮装设独立安全绳

图9-23　超高空作业装设摄像头监控

2. 吊篮验收

（1）吊篮安装结束后，必须由具有资质的单位进行检验。

（2）吊篮应做1.5倍静荷重试验及装载超过工作荷重10%的动荷重试验，采用等速升降法。

（3）吊篮升降试验正常，安全保护装置灵敏可靠。

（4）吊篮检验合格，且出具检验报告后，方准使用。

（5）吊篮钢丝绳使用以后每月应至少检查2次。

**二、移动平台安全防护**

移动平台是由脚手板、平台次梁、防护栏杆、扶梯、轮子等组成，如图9-24所示。其作业安全防护如下：

（1）操作平台的面积不宜超过10m²，高度不宜超过5m。

（2）移动式操作平台的轮子应足以承重整个平台的重量，装设制动装置。立柱底端离地面不超过80mm。

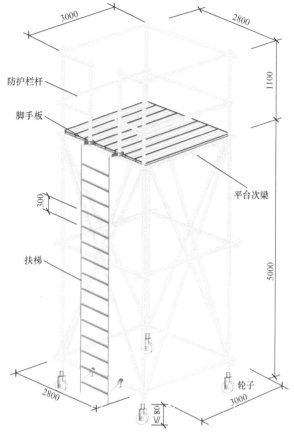

图9-24 移动操作平台

（3）操作平台可采用48mm×3.5mm钢管以扣件连接，也可采用门架式或承插式钢管脚手架部件组成；平台次梁间距不大于40cm；台面应满铺3cm厚的木板或竹笆。

（4）操作平台四周应设置1000～1200mm高双道防护栏杆。

（5）操作平台应设置登高扶梯。直梯时台面应满铺脚手板；斜梯时台面除上梯处均应满铺脚手板。

（6）操作平台搭设后必须进行验收，验收合格后悬挂"验收合格牌"，并标明容许荷载值。

**三、高空作业车安全防护**

高空作业车是指3m及以上能上下举升进行作业的一种车辆，如图9-25所示。其作业安全防护如下：

（1）高空作业车的工作斗、工作臂及支腿应有反光安全标识。

（2）高空作业车应配备三角垫木2块、支腿垫木4块。

（3）作业区域内应设置警戒线，并设专人监护。

（4）作业停车位置应选择坚实地面，整车倾斜度不大于3°，并开启警示闪灯。

（5）作业前应先将支腿伸展到位并放下，并在支腿下垫放枕木或钢板垫，如图9-26所示。

图9-25　高空作业车

图9-26　高空作业车支腿下垫放枕木

（6）坡道停车时，只能停于7°以内的斜坡，拉起手刹，且轮胎下支放枕木（或三角垫木），如图9-27所示。

（7）坡道支腿时，应先支低坡道侧支腿，后支高坡道侧支腿，收支腿时与此相反，如图9-28所示。

图9-27　高空作业车坡道停车

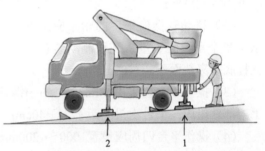

图9-28　高空作业车坡道支腿

1—高坡道；2—低坡道

## 第四节　结构梁上作业安全防护

结构梁是指由立柱梁和横梁搭设而成的框架结构。结构梁分为水平梁、柱梁、斜跨梁。由于在结构梁上没有任何防护措施（如防护栏杆等），且距离地面较高，作业站立面狭窄，在结构梁上进行作业非常危险，稍有不慎就会发生高处坠落。为防止此类事故的发生，必须做好安全防护措施，保证作业安全防护后，方准作业，如图9-29所示。结构梁上作业主要有结构梁上作业、垂直攀爬梯子。

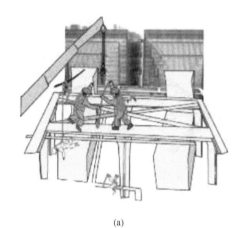

(a)　　　　　　　　　　　　　　　　　　　(b)

图9-29　结构梁上作业

（a）结构梁上作业；（b）垂直攀爬梯子

## 一、结构梁上作业安全防护

结构梁（管）上作业是指在高于2m及以上悬空梁（管）架上，且无任何防护设施场所进行的作业，如图9-30所示。

（1）在水平梁上移动或作业时，必须装设水平安全绳，用以扶手或拴挂安全带，并在安全带上装有水平滑动保险器，如图9-31所示。

（2）水平安全绳宜采用直径13mm以上的带有塑胶套的纤维芯钢丝绳，且有生产许可证和产品合格证。

图9-30　结构梁上作业

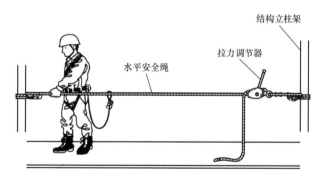

图9-31　装设水平安全绳

（3）水平安全绳两端应固定在牢固的构架上，与构架棱角的相接触处应加衬垫。

（4）水平安全绳应贯穿于结构梁（管），且用钢丝绳卡扣固定，卡扣数量应不少于3个，卡扣间距不应小于钢丝绳直径的6倍，如图9-32所示。

（5）水平安全绳固定高度为1100～1400mm，每间隔2000mm应设一个固定支撑点，钢丝绳固定后弧垂应为10～30mm，必要时可加装活动支架，如图9-33所示。

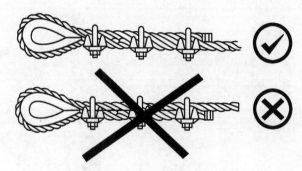

图9-32　水平安全绳固定方法

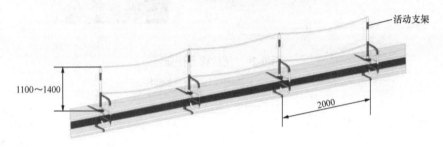

图9-33　水平安全绳装设活动支架

活动支架的规格及材料要求如下：

1）活动支架是与水平安全绳及临时防护栏杆配套使用，其结构及形状如图9-34所示。

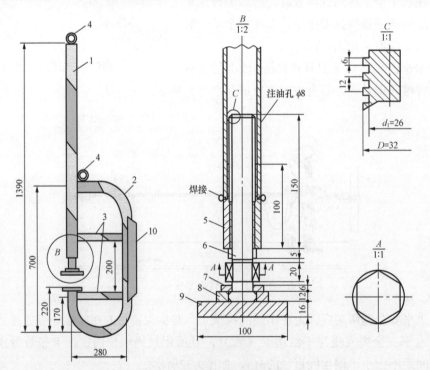

图9-34　活动支架结构及形状

2）活动支架使用的材料规格见表9-2。

表 9-2                      活动支架材料表

| 序号 | 名　称 | 材　料 | 规格mm |
|------|--------|--------|--------|
| 1 | 立杆管 | A3F | $\phi$f48×3或$\phi$51×3 |
| 2 | 背撑管 | A3F | $\phi$48×3或$\phi$51×3 |
| 3 | 支撑管 | A3F | $\phi$48×3或$\phi$51×3 |
| 4 | 穿杆环 | A3F | $\phi$12圆钢$\phi$50环 |
| 5 | 固定螺母 | 钢20 | M32×100 |
| 6 | 夹紧螺栓 | 钢20 | M32×150 |
| 7 | 限位环 | A3F | $\phi$50/$\phi$26 |
| 8 | 固定座 | A3F | $\phi$60/$\phi$32 |
| 9 | 夹板 | A3F | 100×100×16花纹 |
| 10 | 背部加固 | A3F | 角钢<40×40×4　$L$=420 |

（6）水平安全绳固定好后，应在绳上每隔2000mm拴一道红色布带，作为安全提示标志，如图9-35所示。

（7）在结构梁上作业时，其作业面下方应搭建安全平网，如图9-36所示。

（8）在结构梁上搭设脚手架时，应有防护栏杆、踢脚板，如图8-16所示。

（9）在结构梁上作业时，应佩戴防坠器（速差式自控器）。高挂低用，并悬挂在使用者上方坚固钝边的结构物上，如图9-37所示。

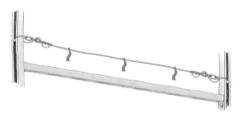

图9-35　水平安全绳上栓红色布带

图9-36　搭建安全平网

图9-37　使用防坠器（速差式自控器）

## 二、垂直攀登安全防护

攀登自锁器（简称自锁器）是预防高处作业人员垂直攀登时发生坠落的安全防护用

品。使用时自锁器一直在人体下方自由跟随人体上下，人体一旦下坠即可自动快速锁止，保证人身安全。

1. 自锁器的使用方法（见图9-38）

（1）自锁器的主绳应根据需要在设备构架吊装前设置好。

（2）主绳应垂直放置，上下两端固定，上下同一保护范围内严禁有接头。

（3）主绳与设备构架的间距应能满足自锁器灵活使用。

（4）使用前应将自锁器压入主绳试拉，当猛拉圆环时，应锁止灵活，确认安全、保险完好无误后，方可使用。

（5）安全绳和主绳严禁打结、绞结使用。

（6）绳钩必须挂在安全带的连接环上使用。

（7）严禁尖锐物体、火源、腐蚀剂及带电物体接近或接触自锁器及主绳。

2. 使用自锁器时的注意事项

（1）在垂直攀登爬梯时，必须佩戴攀登自锁器。

（2）必须正确选用主绳，严禁混用。

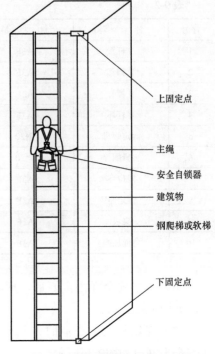

图9-38　使用攀登自锁器示意图

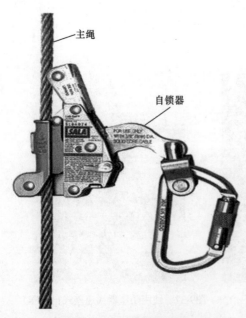

图9-39　安装攀登自锁器

（3）必须正确安装自锁器，滚轮（翘出部位）在上部。

（4）安装前退出保险螺丝，按爪轴的开口方向将棘爪与滚轮组合件按反时针方向退出。装入主绳后，按开口方向顺时针装入。再合上保险，将保险螺钉拧上（不要太紧）即可，如图9-39所示。

（5）装入主绳后，应检验自锁器的上、下灵活度，如自锁器下滑不灵活，可将半拉簧适当调整，并试锁1～3次，以确保锁止功能正常。如发现异常必须停止使用，如图2-27所示。

（6）新自锁器使用一年后，应抽取1～2只磨损较大的自锁器，用80kg重物做自由落体冲击试验，如无异常可继续使用3个月。此后，每3个月应视使用情况做试验。严禁使用试验过或重物冲击过的自锁器。

# 第五节 不坚固作业面上作业安全防护

不坚固作业面是指工作人员站立的工作面因承重强度不足易被踏穿的作业面。常见的不坚固作业面有：石棉瓦、彩钢板、瓦、木板、采光浪板等材料构成的屋顶，或受腐蚀烟道、步道等，如图9-40所示。其作业安全防护如下：

（1）上下不坚固作业面时，必须设置专用梯子通道，如图9-41所示。

图9-40　不坚固作业面

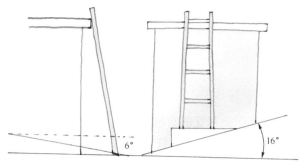

图9-41　设置专用梯子通道

（2）在不坚固作业面上应装设宽360mm及以上的止滑条踏板，并沿不坚固作业面的踏板旁装设牢固的安全绳，如图9-42所示。

（3）在较大的不坚固斜面屋顶上作业时，需搭设牢固的防护护栏，如图9-43所示。

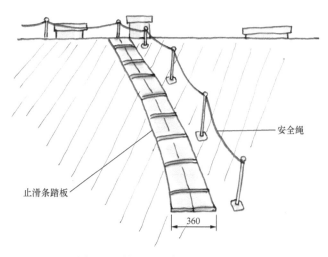

安全绳

止滑条踏板

360

图9-42　装设止滑条踏板及安全绳

（4）必要时可在不坚固作业面的下方设置安全护网。

（5）为防止误登不坚固作业面，应在醒目地点处悬挂安全警告牌。

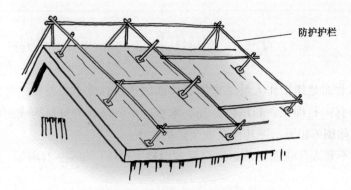

图9-43 搭设防护护栏

# 第六节 电气作业安全防护

电气作业常见的有临时用电、电气设备维护和检修。为保证工作人员的作业安全，防止发生人身触电事故，就必须与带电体保持足够的安全距离，并做好安全防护措施。

## 一、与带电体的安全距离

1. 人体与带电体的安全距离

（1）在高压设备作业时，人体及所携带的工具与带电体的最小安全距离，见表9-3。

表 9-3 人体与带电体的最小安全距离

| 电压等级（kV） | 最小安全距离（m） |
| --- | --- |
| 10以下 | 0.35 |
| 20、35 | 0.6 |
| 66、110 | 1.5 |
| 220 | 3.0 |
| 330 | 4.0 |
| 500 | 5.0 |
| 750 | 8.0 |

（2）在低压设备作业时，人体及所携带的工具与带电体的安全距离不小于0.1m。

（3）当高压设备出现接地故障时，室内不得接近故障点4m以内，室外不得接近故障点8m以内，如图9-44所示。

2. 机械与高压输变电设备的安全距离

电气高处作业常用的机械设备主要有高空作业车、汽车吊、吊篮、升降平台等，机械设备与带电体的安全距离是保证工作人员安全作业的前提，工作人员必须了解和掌握机械与高压输变电设备的最小安全距离，见表9-4。

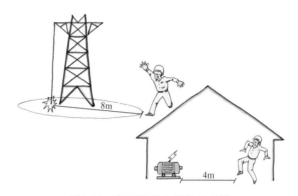

图9-44　高压设备出现接地故障

表 9-4　　　　　　　　　　机械与高压输变电设备的最小安全距离

| 输电线路电压等级（kV） | 机械与高压带电设备的最小安全距离（m） |
| --- | --- |
| 1以下 | 1.5 |
| 1～20 | 2 |
| 35～110 | 4 |
| 154 | 5 |
| 220 | 6 |
| 330 | 7 |
| 500 | 8 |
| 750 | 11 |

## 二、临时用电安全防护

临时用电是指现场作业中需要使用各种电气设备、电动工具、临时照明等用电。常见的临时用电设备有临时电源箱、移动电缆盘、临时照明、临时电缆敷设等。其作业安全防护如下。

1. 临时电源箱

临时电源箱是专为作业现场配备的临时电源（交流电压380V/220V），它分为普通检修电源箱、防爆检修电源箱，如图9-45所示。其中，防爆检修电源箱适用于易燃易爆场所、危险化学品场所等。其安全防护如下：

(a)　　　　　　　　　　　(b)　　　　　　　　　　　(c)

图9-45　临时电源箱

（a）带接线柱检修电源箱；　（b）带固定插座检修电源箱；　（c）防爆检修电源箱

（1）电源箱采用固定式、移动式均可（一级箱宜采用固定式）。固定式电源箱的中心点与地面垂直距离应为1.4～1.6m；移动式电源箱应装设在坚固、稳定的支架上，其中心点与地面垂直距离应为0.8～1.6m。规格不限，如图9-46所示。

（2）一级电源箱为白色，二、三级电源箱为黄色；电源箱左上角贴总（分）电源箱标志；右下角贴电源箱级数、编号，如图9-46所示。

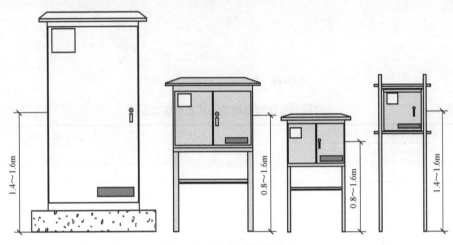

图9-46　临时电源箱的规格

（3）电源箱应按照规范进行装配，箱内必须安装自动空气开关、漏电保护器、接线柱或插座、专用接地铜排和端子等，严禁用接地保护代替接零保护，如图9-47所示。

（4）箱内的专用接地铜排必须与箱体绝缘隔离，且直接接入主接地网，接地引下线截面不得小于50mm²，电缆屏蔽接地必须接至专用接地铜排上。

（5）箱体必须有明显的可靠接地，接地、接零标志应清晰。地线接地端标志为正三角形，顶角向下，黑色边框，字为黑色、黑体字，如图9-48所示。参数有甲、乙两种，见表9-5。

图9-47　电源箱装配

图9-48　接地端标志

表 9-5　　　　　　　　　　　　　接地端标志规格　　　　　　　　　　　　　　mm

| 种类 \ 参数 | A | C |
|---|---|---|
| 甲 | 200 | 20 |
| 乙 | 100 | 10 |

## 2. 移动电缆盘

移动电缆盘是指可以缠绕电线或电缆的线盘，对于小型的电缆盘有线盘支架和提手，大型的电缆盘带有脚轮。它分为普通电缆盘、防爆电缆盘，如图9-49所示。其安全防护如下：

（a）　　　　　　　　　　　（b）　　　　　　　　　　（c）

图9-49　移动电缆盘

（a）支架电缆盘；（b）脚轮电缆盘；（c）防爆电缆盘

（1）电缆盘必须装有插座、漏电保护器和电源指示灯。

（2）漏电保护器的额定漏电动作电流不大于30mA，动作时间不大于0.1s。

（3）电压型漏电保护器的额定漏电动作电压不大于36V。

（4）防爆电缆盘适用于易燃易爆场所、危险化学品场所等。

## 3. 临时照明

临时照明常见的有固定式照明、移动式照明。固定式照明一般使用交流220V电压，移动式照明一般使用安全电压。灯具分为普通型灯具、防爆型灯具。防爆型灯具适用于易燃易爆场所、危险化学品场所等。其作业安全防护如下：

（1）现场使用的照明电线应用软橡皮线，不准用塑料胶质线代替。

（2）临时照明电线应悬挂固定，严禁接触高热、潮湿及有油的物体表面或地面上。

（3）临时照明电源必须接在装有相应容量的开关、熔断器及漏电保护器的电源处，严禁将临时线直接接在电源干线上。

（4）室内悬挂灯具距基准面不得低于2.4m，如受条件限制可减为2.2m。室外悬挂灯具距基准面不得低于3m，如图9-50所示。

（5）在金属架（管）上安装照明灯具时，灯具与金属架（管）子间应垫好绝缘物，并固定牢固，如图9-51所示。

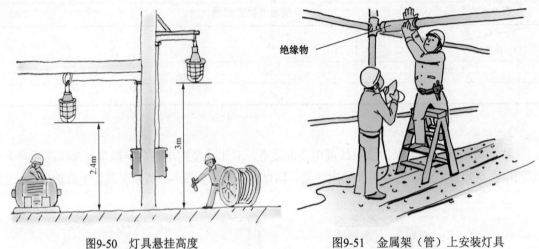

图9-50  灯具悬挂高度

图9-51  金属架（管）上安装灯具

绝缘物

4. 电缆（线）敷设

（1）架空敷设电缆（线）应用橡皮线或塑料护套软线。在通道处可采用加保护管埋设地下，树立标志，接头必须架空或设接头箱。

（2）手持移动工具的橡皮电缆引线长度不应超过5m，不得有接头。

（3）敷设临时低压电源线路，应使用绝缘导线。架空高度：室内应大于2.5m，室外应大于4m，跨越道路应大于6m，如图9-52所示。

（4）脚手架上敷设临时电缆（线）时，木竹脚手架应加绝缘子，金属管脚手架应另设木横担。严禁将电缆直接固定在金属架构上，如图9-53所示。

（5）在潮湿、粉尘、易燃易爆等特殊场所敷设临时电源时，应采用特殊电缆（阻燃、防水等）敷设，必要时可对电缆采取保护措施。

（6）在高温体附近敷设电缆时，应保持与高温体间的安全距离，如图9-54所示。

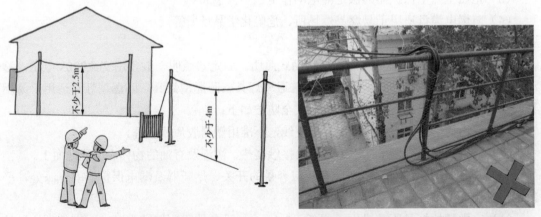

图9-52  敷设临时电缆高度

图9-53  严禁电缆直接固定在金属架上

（7）临时敷设电缆的延线应间隔适当距离设有明显的安全警示标识，如图9-55所示。

（8）临时电缆（线）不得沿地面明设或随地拖拉，如图9-56所示。

（9）严禁在易燃易爆介质、危险化学品介质的管道或容器上架设临时电缆，如图9-57

所示。

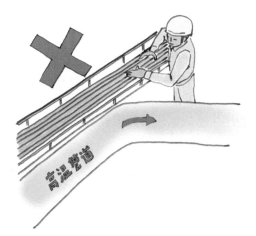

图9-54 严禁在高温体上敷设电缆

图9-55 电缆延线设安全标识

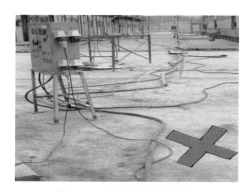

图9-56 严禁乱拉临时电缆

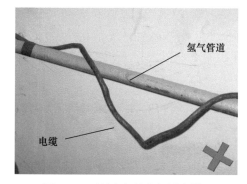

图9-57 严禁在氢管上架设电缆

（10）严禁将临时电缆（线）缠绕在防护栏杆、管道及脚手架上。

（11）严禁在未冲洗、隔绝和通风的容器内引入临时电缆。

（12）电缆不得浸泡在水里，不得在尖锐物体中穿行，如图9-58所示。

(a)

(b)

图9-58 严禁乱拉电缆

（a）电缆浸泡在水里；（b）电缆在尖锐物中穿行

### 三、电气设备检修安全防护

1. 电气设备停电检修通用安全防护

（1）停电检修的电气设备，必须与带电设备、系统可靠断开，断路器在"检修"位置（状态），隔离开关机械操动机构必须可靠闭锁，断路器和隔离开关的控制电源必须可靠断开，并在操作把手和控制电源开关上设置"禁止合闸 有人工作"警示牌，如图9-59所示。

（2）可能送电至停电设备的各来电侧，或可能产生感应电压的停电设备，应经接地开关或专用接地线三相短路后可靠接地，如图9-60所示。

图9-59　电气设备检修安全措施

图9-60　装设接地线

（3）在运用中的电气设备附近进行检修作业，人员、机具、设备零部件等与带电设备之间的安全距离必须大于表9-6规定。否则，应扩大停电设备范围，以满足安全作业要求。35kV及以下设备的临时遮栏，如因工作特殊需要，可用绝缘隔板与带电部分直接接触，但此种隔板必须具有高度的绝缘性能。

表 9-6　　　　　　　　　　　　设备不停电时的安全距离

| 电压等级（kV） | 10及以下（13.8） | 20～35 | 60～110 | 220 | 330 | 500 |
|---|---|---|---|---|---|---|
| 安全距离（m） | 0.70 | 1.00 | 1.50 | 3.00 | 4.00 | 5.00 |

（4）停电检修的电气设备四周设置围栏，留有出入口并设置"从此出入"警示牌；围栏上设置适当数量的"止步高压危险"警示牌，警示牌必须朝向围栏里面；工作地点悬挂"在此工作"警示牌；工作地点临近带电设备设置运行标志，悬挂"当心触电"警示牌。如图9-61所示。

（5）电气设备检修，工作场所（升压站、配电室）大范围设备停电检修，带电设备四周设置封闭临时围栏，围栏上设置适当数量的"止步 高压危险"和"当心触电"警示牌，警示牌必须朝向围栏外面，如图9-62所示。

（6）电气设备检修场所使用的临时遮栏应为干燥木材、橡胶或其他坚韧绝缘材料，装设应牢固，临时遮栏与带电部分的距离不得小于表9-7规定值，如图9-63所示。

图9-61 停电设备检修设置临时围栏

图9-62 带电设备临时围栏上挂牌

**表 9-7** 工作人员工作中正常活动范围与带电设备的安全距离

| 电压等级（kV） | 10 及以下（13.8） | 20～35 | 60～110 | 220 | 330 | 500 |
|---|---|---|---|---|---|---|
| 安全距离（m） | 0.35 | 0.60 | 1.50 | 3.00 | 4.00 | 5.00 |

临时遮栏

图9-63 电气检修临时遮栏

（7）在架空电力线路或裸露带电体附近进行起重作业，起重机械设备（包括悬臂、吊具、辅具、钢丝绳）及起吊物件等与带电体最小的安全距离小于表9-8规定值时，带电设备应停电，如图9-64所示。

**表 9-8** 起重机械设备等与带电体的最小安全距离

| 电压（kV） | <1 | 1～10 | 35～63 | 110 | 220 | 330 | 500 |
|---|---|---|---|---|---|---|---|
| 最小安全距离（m） | 1.5 | 3.0 | 4.0 | 5.0 | 6.0 | 7.0 | 8.5 |

2. 变压器检修安全防护

（1）断开变压器的各侧断路器，隔离开关已拉开，变压器各侧已可靠接地，断路器、隔离开关操作电源已断开。冷却器系统电源已断开，动力熔断器已取下，如图9-65所示。

图9-64　起重机械与带电体的安全距离

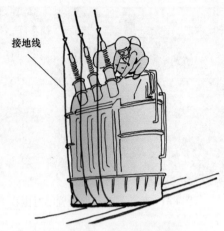

接地线

图9-65　变压器停电检修

（2）变压器检修作业区周围设置坚固的围栏，并在围栏的外侧设置"在此工作"警示牌，如图9-66所示。

（3）油浸式变压器放油及滤油时，作业区域场地应平整、清洁，且10m范围内无明火、无易燃易爆物品。区域内消防器材（如泡沫灭火器等）完好可用。放油专用变压器油罐可靠接地，油罐容积应大于变压器油体积。

（4）滤油机和变压器油管路的接口应用专用卡件严密卡紧，并固定牢固。拆开的油管路用专用堵板（加密封垫）严密封堵，如图9-67所示。

图9-66　变压器检修设置围栏

图9-67　油管路加密封垫封堵

（5）拆卸下的高压套管应放置在指定区域，用专用支架放置并固定牢固，以防倾倒。套管放置区域四周围栏外侧设置"未经许可　不得入内"警示牌，高压套管专用支架，如图9-68所示。

3. SF6电气设备检修安全防护

（1）SF$_6$电气设备配电室、作业场所通风良好（如通风量应保证在15min内换气一次），空气中SF$_6$气体含量不得超过1000ppm。

（2）室内SF$_6$电气设备，当SF$_6$浓度超过1000ppm或氧气浓度低于18%时，低位区的SF$_6$

浓度报警仪和氧量仪应报警。

（3）SF$_6$气体钢瓶禁止靠近热源，并放置在阴凉处，气瓶阀门应关紧，戴上瓶帽，防止剩余气体泄漏。

（4）在室内，设备充装SF$_6$气体时，周围环境相对湿度应不大于80%，同时必须保持通风系统在运行状态，并避免SF$_6$气体泄漏到工作区，如图9-69所示。

图9-68　高压套管专用支架

图9-69　SF$_6$气体泄漏到工作区

（5）户外设备充装SF$_6$气体时，工作人员应站在上风方向操作。

（6）设备解体检修前应先检验SF$_6$气体含量，当有毒气体含量超标时，工作人员应佩戴防毒面具，打开设备封盖后，30min内检修现场应无人员。取出吸附剂和清除粉尘时，工作人员应佩戴防毒面具和防护手套，如图9-70所示。

（7）工作现场准备10%的NaOH水溶液供工作人员洗手。

4. 电缆隧道（电缆竖井、电缆沟）内作业安全防护

（1）电缆隧道应有充足的照明，照明电源应采取36V的安全电压，如图9-71所示。

图9-70　取出吸附剂和清除粉尘时的安全防护

图9-71　电缆隧道内的照明

（2）进入电缆隧道前应进行充分通风，必要时使用强力通风，保证含氧量符合要求，易燃易爆及有毒有害气体的含量小于规定的限值。

（3）打开盖板孔洞时，在四周应设置围栏，围栏上设置"当心坠落"警示牌，夜间应设置红色警示灯。

（4）电缆隧道内无积水、积油或其他杂物，如图9-72所示。

（5）电缆支架接地完好，动力电缆接头处有绝缘槽盒，并有温度报警信号，没有绝缘槽盒的，应设临时绝缘遮挡隔离防护或将动力电缆停电。

（6）电缆防火封堵和防火门完好，如图9-73所示。

防火墙 ——

图9-72 电缆隧道内无杂物　　　　　图9-73 电缆防火封堵和防火门

（7）电缆隧道内的消防器材足够、完好。

## 第七节 机械作业安全防护

转动机械是指旋转和成切线运动的转动设备，其特点是零部件（如齿轮、轴、联轴器、皮带轮、链条轮等）作旋转和成切线运动。为保证工作人员的作业安全，防止发生夹击、剪切、卷入等机械伤害事件，其作业安全防护如下：

（1）停运检修的机械设备必须可靠静止，驱动机械设备的动力和控制电源、汽（气）源必须可靠切断，停电开关操作把手上设置"禁止合闸 有人工作"警示牌，已停汽（气）、油阀门的操作手柄处设置"禁止操作 有人工作"警示牌，如图9-74所示。

（2）需检修的机械设备必须与运行设备有联系的动力系统可靠隔离，切断汽（气）源、风源、油源、水源，关闭或开启有关截门，按要求对有关截门加锁，对有关管道、阀门加装堵板，如图9-75所示。

图9-74 检修设备的电源开关挂牌　　　　　图9-75 重要截门加锁

（3）在运行（或备用）机械设备附近的区域作业，人员、机具、设备零部件等有可能碰击运行设备时，作业区域与运行设备之间必须设置坚固、严密的隔板；无法加装隔板时，应扩大停运设备范围。

（4）机械设备检修区域周围应设置临时围栏，并在围栏醒目位置上设置"未经许可 不得入内"和"当心机械伤害"警示牌，如图9-76所示。

图9-76 检修区域设置临时围栏

（5）机械设备启动前，所有防护装置必须恢复完好，如联轴器、链条等转动部分防护罩应坚固、完整，如图9-77所示。

（6）机械设备启动时，转动机械设备的颈向位置不得有人员站立，如图9-78所示。

图9-77 机械设备防护罩

图9-78 转动设备颈向位置不得站人

# 第八节 起重作业安全防护

起重机械是指用于垂直升降或者同时水平移动重物的机电设备。利用起重机械或起重工具移动重物的操作活动，称为起重作业。常用的起重机械有桥式起重机、电动（手拉）葫芦、汽车起重机、卷扬机等。

一、起重现场安全防护

（1）起重现场光线充足，没有大雾。露天进行起重作业时风力应在6级以下，无暴雨、雷电、大雪、大雾、冰雹、沙尘暴等恶劣天气。进行受风面积大的起吊作业时，风力不宜超过5级，如图9-79所示。

（2）起重现场周围应设置安全警戒区域，设专人监护，并在醒目地方竖立安全提示牌，如图9-80所示。

图9-79　恶劣天气禁止起重作业

图9-80　起重现场安全警戒区域

（3）起重现场安全警戒区域的设置规范，如图9-81所示。

1）范围。设置的安全警戒区域不小于坠落半径。

2）立柱。用40mm角钢做十字形底座，长300mm；柱子用30mm角钢，高1.0m；底座刷白色油漆。

3）柱子刷红白相间安全色；柱与柱之间用直径8mm钢丝绳连接，并悬挂彩色条旗。

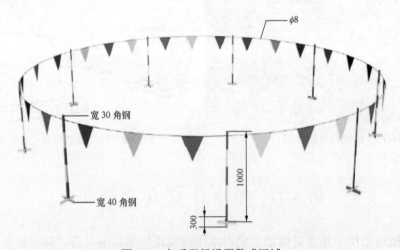

图9-81　起重现场设置警戒区域

（4）起重作业区内应设置吊物的行走路线和专门摆放重物的承载区。

（5）重物放到地面上应稳妥，无坍塌、倾倒、坠落、滚动的可能，必要时在重物下方垫设枕木或用绳索绑住。

（6）重物应按照行走路线移动，无妨碍移动的障碍物，吊物下方无人员行走和站立，如图9-82所示。

（7）起吊的重物必须捆绑牢固，吊钩应挂在重物的重心线上，棱刃物体应可靠衬垫；重物在放稳前禁止摘钩，如图9-83所示。

图9-82　吊物下方不得有人

图9-83　棱刃物体需加衬垫

（8）起重指挥人员、起重操作人员、起吊物之间视线良好，无障碍物阻挡。

（9）使用国家标准规定的起重指挥信号、手势和旗语，使用对讲机指挥的机械其对讲机应使用指定的频率与频道。

二、桥式起重机作业安全防护

桥式起重机俗称"行车"。是由起升机构、大车行走机构、小车行走机构、电气控制系统等组成。它能使吊物在空间实现垂直升降或水平移动，其结构如图9-84所示。其作业安全防护如下：

（1）行车必须经本地质量技术监督局检验合格后，并出具《起重机械定期检验报告》，方准使用。检验周期为两年。

（2）行车必须装设重量限制器、行程限制器、过卷扬限制器、夹轨钳、电气连锁装置等安全保护装置，作业时警灯、警铃信号应可靠发出。

（3）汽车起重机必须安装防冒顶限位器，吊钩装有防脱钩保险装置，见图9-85。

（4）行车轨道必须平直牢固，每隔20m设置一个接地点，轨道终端应设置缓冲器。轨道上严禁涂油或撒沙子。

（5）行车最高点与室内屋架最低点间应有10cm以上的距离，行车和驾驶室的突出面与建筑物的距离不应小于10cm。

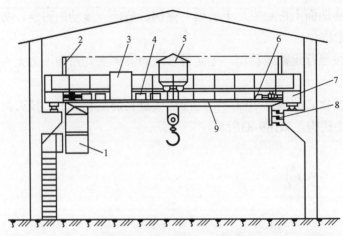

图9-84 桥式起重机结构图

1—驾驶室;2—辅助滑线架;3—交流磁力控制盘;4—电阻箱;5—起重小车;

6—大车拖动电动机与传动机构;7—端梁;8—主滑线;9—主梁

（6）由地面到驾驶室或由驾驶室到行车走道，必须设有扶梯。

（7）沿行车轨道如有通道，其宽度应不小于40cm，并应有栏杆，在行车运行中不准有人通行。

（8）吊装作业区周边应设置警戒区域，设专人监护，如图9-86所示。

图9-85 吊钩脱钩保险装置

图9-86 吊装现场设警戒区域

（9）在行车轨道上检修时，检修地点两端应用钢轨夹具夹住，以防行车开入检修区域。

（10）必要时可在吊物上装设缆绳（拖拉绳），用以控制吊物姿态，防止大幅度摆动，如图9-87所示。

（11）绑绳时，两根吊索之间的夹角一般不大于90°。

（12）起吊时，应使吊钩与重物重心在一条垂直线上。

（13）吊装行走时，吊物必须高出障碍物的顶面0.5m以上，如图9-88所示。

图9-87　吊物上装设缆绳

图9-88　吊物高出障碍物

（14）吊装现场照明必须充足。

### 三、手拉、电动葫芦作业安全防护

电动葫芦简称电葫芦，手拉葫芦简称倒链。电葫芦主要由电动机、减速器、卷筒、钢丝绳、吊钩、控制箱等组成；倒链主要由链轮、手拉链、传动机械、起重链及上下吊钩等组成，如图9-89所示。其作业安全防护如下：

（1）起重量大于或等于3t的电葫芦，必须经本地质量技术监督局检验，合格后出具《起重机械定期检验报告》，检验周期为两年；倒链可由企业自检，检验周期为一年。

（2）吊钩应完好无损，且装有防脱钩装置，如图9-89所示。

（3）吊装作业区的周边必须设安全警戒区域，设专人监护，如图9-90所示。

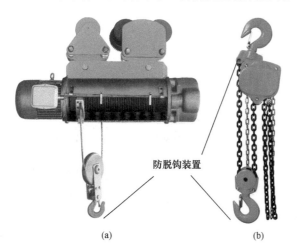

防脱钩装置

(a)　　　　　　　(b)

图9-89　手拉、电动葫芦

（a）电动葫芦；（b）手拉葫芦

图9-90　吊装现场设警戒区域

（4）电动葫芦：

1）电葫芦的制动器、限位器等安全装置灵敏可靠，导绳器完好。

2）钢丝绳绳端固定应牢固可靠。

3）电气设备应可靠接地，并安装有漏电保护器。

4）电葫芦吊物下降时，卷筒上的钢丝绳不少于2圈。

（5）手拉葫芦：

1）手拉葫芦的变矩器等安全装置灵敏可靠。

2）手拉葫芦起吊支承点承重应符合荷重要求；禁止将管道、栏杆、脚手架、设备底座、支吊架等作为起吊支承点，如图9-91所示。

3）手拉链完好，链条试拉灵活、无卡涩现象。

4）手拉葫芦的链条应垂直悬挂重物，链条各链环间不得有错扭、断裂，如图9-92所示。

图9-91 禁止将栏杆上作为起吊支承点

图9-92 手拉葫芦的链条错扭

5）手拉倒链应存放在专用支架上，并标明重量，如图9-93所示。

### 四、汽车起重机作业安全防护

汽车起重机主要由起升机构、回转机构、起重臂伸缩机构、变幅机构、支腿机构和电控系统组成。安全保护装置包括吊臂变幅安全装置、吊臂伸缩安全装置、高度限位装置、支腿锁定装置、起重量指示器等，如图9-94所示。其作业安全防护如下：

图9-93 手拉倒链专用支架

图9-94 汽车起重机

（1）汽车起重机的起重机械部分必须经本地质量技术监督局检验，合格后出具《起重机械定期检验报告》，检验周期为一年。

（2）汽车起重机必须安装防冒顶限位器，吊钩装有防脱钩装置。

（3）吊装作业区周边必须设置警戒区域，并设专人监护，如图9-95所示。

（4）汽车起重机作业场地应坚实、平整，其承载能力满足起重机行走及作业的要求。

禁止架脚支承在沟道、孔洞盖板上，如在松软地面上工作，应垫枕木。

（5）吊装前，应先确认支腿处地基牢固，再伸展支腿到位，并用枕木（厚度不小于100cm）或钢板垫起，调整水平，如图9-96所示。

图9-95　吊装现场设置警戒区域

图9-96　汽车起重机支腿下垫钢板

（6）吊物前必须试车，确认升降、旋转机构运行正常，安全装置可靠后，方准作业。

（7）捆绑吊物时，两绳之间的夹角一般不大于90°。

（8）起吊时，应使吊钩与重物重心在一条垂直线上。

（9）吊臂吊起吊物旋转时，应高出障碍物顶面0.5m以上。

（10）汽车起重机必须在水平位置工作，坡度不超过3°。

（11）必要时在吊物上加装缆绳，以控制吊物姿态，防止大幅度摆动。

### 五、卷扬机作业安全防护

卷扬机（又叫绞车）主要由电动机、联轴器、制动器、齿轮箱和卷筒组成，并安装在机架上。它是靠机械动力驱动卷筒，卷绕绳索完成牵引工作，其结构如图9-97所示。其作业安全防护如下：

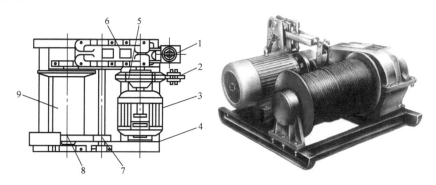

图9-97　卷扬机结构

1—可逆控制器；2—电磁制动器；3—电动机；4—底盘；5—联轴器；6—减速器；7—小齿轮；8—大齿轮；9—卷筒

（1）起重量0.5t及以上卷扬机必须经本地质量技术监督局检验，检验合格后出具《起重机械定期检验报告》。检验周期为一年。

（2）吊钩应完好无损，装有防脱钩保险装置。

（3）卷扬机应安装在坚实平稳、视线良好的地方，机座下应垫方木，机身和地锚连接牢固。

（4）安装卷扬机时，应保持从卷筒中心线到第一导向滑轮的安全距离。带槽卷筒应大于卷筒宽度的15倍；无槽卷筒应大于卷筒宽度的20倍。

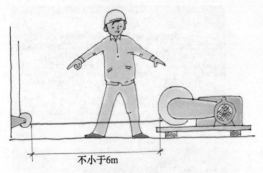

不小于6m

图9-98　卷扬机距第一个转向滑车距离

（5）当钢丝绳在卷筒中间位置时，滑轮的位置应与卷筒轴线垂直，其垂直度允许偏差为6°，距离宜大于6m。

（6）卷扬机滚筒中心线与钢丝绳保持垂直，距第一个转向滑车应不小于6m，如图9-98所示。

（7）检查齿轮箱、减速器、滑轮组、索具及电气设备等应无异常。

（8）卷扬机滚筒上钢丝绳的端部应固定牢固，安全圈数至少应留5圈。

（9）卷筒钢丝绳应从卷筒下方卷入且排列整齐，不应错叠或离缝，如图9-99所示。

图9-99　卷筒钢丝绳排列

（10）卷扬机的自动制动器、手闸和脚闸必须齐全可靠。

（11）在露天安装卷扬机时，应搭设防砸、防雨工作棚。

（12）牵引作业区应设置钢性隔离围栏，挂上"禁止跨越"警示牌，并设专人监护，如图9-100所示。

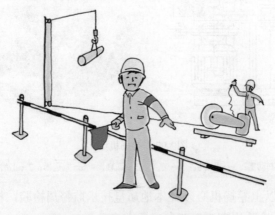

图9-100　吊装现场设置安全警戒线

# 第九节 焊接作业安全防护

焊接是指通常适当的物理化学过程，使两个分离的固态物体之间产生原子或分子间的结合而连成一体的方法。如电焊、气焊和气割等。焊接作业是指运用焊接或者热切割方法对材料进行加工的作业。焊接作业属于特种作业。

## 一、电焊作业安全防护

电焊是由电焊机提供大电流，通过电焊钳将焊条熔化在金属被焊物上，将金属被焊物焊接在一起的过程。其作业安全防护如下：

（1）电焊机应放置在通风、干燥处，露天放置应加装防雨棚（罩），如图9-101所示。

（2）电焊钳的握柄必须用绝缘耐热材料制成，应牢固地夹住焊条。

（3）电焊机的电源线长度不得超过5m，且与电焊机连接处应有防护罩。

（4）电焊机与焊钳间的导线长度不得超过30m，不得有接头，且用专用的接线插头。

（5）电缆的线径应满足负荷要求，不得采用铝芯导线，绝缘外皮不得有破损。

（6）电焊机、焊钳与电缆线连接牢固，接线端头不得外露。

（7）电焊机应使用独立的专用电源开关，其容量应符合要求。每个电焊机必须一机一闸，并装有随机开关，如图9-102所示。

图9-101 电焊机露天放置现场

图9-102 严禁电焊机多机一闸

（8）电焊机金属外壳必须有明显的可靠接地，且一机一接地。

（9）电焊机组接地线宜采用端子排接地，采用铜线鼻子压接。接地端子排规格：长度视电焊机数而定；端子排宽5cm，且每隔40cm钻一$\phi$8mm孔。如图9-103所示。

（10）严禁在带压的设备和盛装过油脂与可燃气体的容器上直接焊接工作，如图9-104所示。

（11）严禁在易燃材料附近及上方进行焊接作业，如图9-105所示。

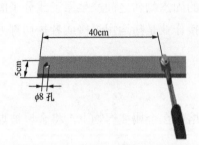

图9-103　电焊机组接地端子排

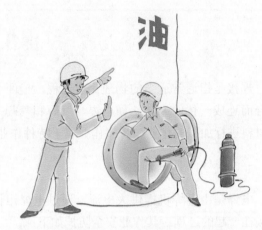

图9-104　严禁在盛装过油脂的容器上直接焊接

## 二、气焊和气割作业安全防护

气焊和气割是指利用可燃气体与助燃气体混合燃烧的火焰去对金属进行焊接和切割的过程，常用的可燃气体为乙炔，助燃气体为氧气。气焊是利用火焰对金属工件连接处的金属和焊丝进行加热，使其熔化，已达到焊接的目的；气割是用火焰的热能将工件切割处进行预热，利用喷出的高速切割氧气流，使金属剧烈燃烧并释放出热量，从而实现切割的目的。二者的区别在于气焊是熔化金属，气割是使金属在纯氧中燃烧。其作业安全防护如下：

（1）采用集中供气方式时，露天必须加装防雨棚，如图9-106所示。

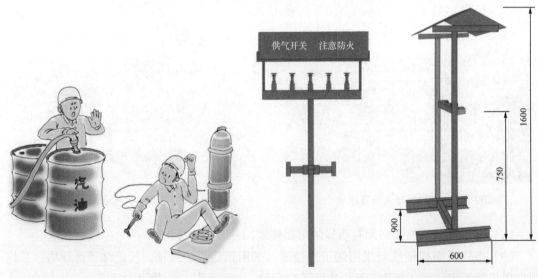

图9-105　严禁在易燃材料附近进行焊接　　　　图9-106　集中供气防雨棚

（2）现场放置气瓶时应使用瓶笼，如图9-107所示。瓶笼底部应采用不小于3～4mm花纹钢板。

（3）现场吊装运输气瓶时，必须使用托架，如图9-108所示。托架底部应采用不小于3～4mm花纹钢板，不得直接捆绑吊装。

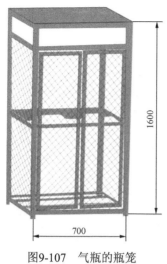

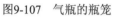

图9-107 气瓶的瓶笼

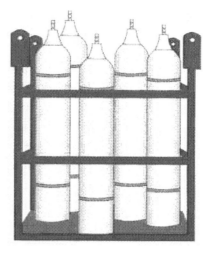

图9-108 气瓶的托架

（4）气瓶应垂直放置并固定，在露天放置的应有帐篷或轻便的板棚遮护，以免受到阳光暴晒，如图9-109所示。

（a）

（b）

图9-109 气瓶不得受到阳光暴晒

（a）正确放置；（b）错误放置

（5）氧气瓶、乙炔瓶、减压器、回火防止器应检查合格，气瓶上应套有上下两个厚度不少于25mm的防振胶圈，防护帽应完好无损。严禁使用无减压器的气瓶。

（6）要规范使用氧气和乙炔气用的橡胶软管，黑色皮管为乙炔器，红色皮管为氧气管。使用的橡胶软管应没有鼓包、裂缝或漏气等现象，橡胶软管接头应绑扎牢固。

（7）氧气瓶、乙炔瓶和橡胶软管禁止与电线相接触。

（8）氧气瓶和乙炔瓶的距离不得小于5m，氧气瓶和乙炔瓶到焊接作业点火源的距离不应小于10m，气瓶周围15m内无堆置的可燃物品。当不能满足距离要求时应采用隔离防护措施，如图9-110所示。

（9）备用待用的氧气瓶、乙炔瓶应分别存于氧气棚（间）、乙炔棚（间），如图9-111所示。存放处有安全规定、标志及灭火器材。

（10）现场运输单一气瓶时，建议制作人工手推小车，方便使用，如图9-112所示。

图9-110　气瓶与明火安全距离

图9-111　露天气瓶摆放

图9-112　气瓶人工手推小车

# 第十节　交叉作业安全防护

交叉作业是在同一工作面进行不同的作业，或者是在同一立体空间不同的作业面进行不同或相同的作业。交叉作业极易发生坠物伤人、高处坠落、机械打击等事故。其作业安全防护如下：

（1）各交叉作业组的工作负责人必须了解交叉作业现场情况，掌握物体可能坠落的半径，根据坠落半径进行安全防护，并向工作班成员交代安全注意事项，如图9-113所示。

（2）立体交叉作业时最好错开作业时间，当无法错开作业时间时，层间必须搭设严密、牢固的防护隔离设施，如图9-114所示。

（3）焊接交叉作业时，在作业层平台上铺设防火沾或者防火板隔离，作业区域下方设专人看护，如图9-115所示。

（4）吊装作业中，吊车回转半径内应用彩旗设置安全警戒区域，禁止起吊物从人员头顶上通过，如图9-116所示。

（5）交叉作业人员严禁高空抛物，要随身携带可装物件的工具包，如图9-117所示。

（6）在交叉作业中，不得在同一垂直方向上下同时作业，下层作业必须处于依上层高度确定的可能坠落方位半径之外。不符合条件，中间应加设安全防护层，并固定牢固。防护层的做法：①下层应满铺跳板；②跳板上满铺一层胶合板。

（7）拆除脚手架或模板时，下方及坠落半径内不得有其他人员，作业中应设专人监护。拆下的模板、脚手架等部件，临时堆放处离楼层边缘不小于1.0m，堆放高度不大于1.5m。

楼梯口、通道口、脚手架边缘等处严禁堆放卸下的物件，以防落物伤人，如图9-118所示。

图9-113　物体坠落半径防护区域

图9-114　层间搭设防护隔离设施

图9-115　焊接作业区域下方设专人看护

图9-116　禁止吊物从人头顶上通过

图9-117　严禁高空抛物

图9-118　严禁在高处边缘处堆放物件

（8）人行通道口处（包括井架、施工用电梯的进出通道口）均应搭设安全防护棚。高度超过24m的交叉作业，其通道口上方应设双层防护，如图9-119所示。

（9）由于上方作业可能坠落物体，以及处于起重机臂杆回转范围内的通道，其受影响的范围内，必须搭设顶部能防止穿透的双层防护棚（一般为双层木跳板）。

（10）交叉作业时，工具、材料等严禁上下投掷，应用工具袋或吊笼等吊运，如图9-120所示。吊物下方严禁站人或逗留。

图9-119　安全通道防护棚

图9-120　严禁上下投掷物件

（11）在夜间和光线不足的地方禁止进行交叉作业。

## 第十一节　受限空间作业安全防护

受限空间是指生产单位的各种设备内部（塔、槽、罐、炉膛、管道、容器等）和下水道、沟、坑、井、池、污水处理设施等封闭、半封闭的设施及场所。由于受限空间通风不良，有可能会积聚有毒有害气体，造成工作人员缺氧、中毒窒息等事故。常见的受限空间有金属容器、密闭场所、各类塔（罐、仓、斗、管道、烟道等）等。

### 一、进入受限空间作业的条件

（1）进入受限空间作业必须办理《受限空间作业许可证》。

（2）受限空间的出入口附近设置放置胸卡的标牌，作业人员进入受限空间时应将自己的胸卡插入标牌。

（3）工作任务、地点、时间应与《受限空间作业许可证》上标明的相符。

（4）受限空间外必须设有监护人。

（5）呼吸器具、救生绳、安全带及安全灯等安全设施和安全措施已落实。

（6）作业用的工器具、设备、材料等安全性能经检查符合要求。

（7）受限空间内空气保持流通，氧含量和有害有毒、可燃气体检测合格。

（8）作业人员不得携带火柴或打火机等易燃物。

二、金属容器内作业安全防护

（1）金属容器必须与运行设备有联系的热力系统可靠隔离，可靠切断所有汽（气）源、风源、油源、水源等介质，关闭或开启有关截门，应加锁的截门已加锁，应加装堵板的管道、阀门已加装堵板，如图9-121所示。

（2）打开金属容器人孔门，保持良好通风，必要时强制通风，如图9-122所示。

图9-121　管道连接处加堵板

图9-122　金属容器强制通风

（3）金属容器内含氧量始终在18%～22%，粉尘、有毒有害气体含量不得超过规定值。

（4）必须排尽金属容器内介质，对盛装有害气体的应置换和吹扫。

（5）金属容器内的环境温度不得超过40℃。

（6）金属容器内照明电压应为12V，照明变压器应放置在容器外部，如图9-123所示。

（7）金属容器内使用的电动工器具，电压应为24V以下或为Ⅱ类工具。

（8）金属容器内进行电焊作业时，焊工工装必须保持干燥；应保持容器内通风，内部应铺设橡胶绝缘垫，备有灭火器。电焊机应放置在容器外部，并设有电源开关。

（9）在金属容器内作业时，应在容器外悬挂"在此工作"提示牌，如图9-124所示。

图9-123　隔离变压器不得放在容器内

图9-124　容器外悬挂安全提示牌

（10）金属容器各人孔门或出入口关闭前，应检查确认容器内无人员。

### 三、密闭场所作业安全防护

（1）密闭场所空气中含氧量始终保持在18%～22%，不得使用纯氧进行通风换气。

（2）密闭场所空气中可燃气体浓度应低于爆炸下限的10%；油箱、油罐的检修，空气中可燃气体的浓度应低于爆炸下限的1%。

（3）密闭场所空气中一氧化碳含量小于20mg/m³，工作时间不得超过8h。

图9-125　密闭场所逃生通道

（4）密闭场所空气中硫化氢含量必须小于10mg/m³。

（5）密闭场所空气中有毒有害气体浓度超标或缺氧时，工作人员必须佩戴正压式空气呼吸器。

（6）进入密闭场所的工作人员与场所外监护人员联络畅通，工作人员安全带与监护人员连接的绳索应牢固。

（7）密闭场所前的逃生通道必须畅通，如图9-125所示。

### 四、各类塔（罐、仓、斗等）内作业安全防护

（1）与塔（罐、仓、斗等）连接的系统已停运，相关的泵与风机已停电。与塔（罐、仓、斗等）相连的风、烟、水、浆等挡板、阀门已可靠关闭并上锁，阀门上设置"禁止操作　有人工作"警示牌。电动阀门的电源已切断，开关操作把手上设置"禁止合闸　有人工作"警示牌。

（2）塔（罐、仓、斗等）内的物料已排空，所有人孔门已打开，并充分通风，内部温度已降至40℃以下。

（3）塔（罐、仓、斗等）内的工作人员禁止携带火种，打开的人孔门处设置"未经许可　不得入内"、"在此工作"、"禁止烟火"等标志牌，或张贴"受限空间　禁止进入"提示，如图9-126所示。

（4）在塔（罐、仓、斗等）内使用的行灯应与内壁、管道、烟道等金属构件保持安全距离。密闭容器内的照明电压≤24V，在潮湿金属容器内的照明电压为12V，且保证照明充足。

（5）进入塔（罐、仓、斗等）内的电源线、电焊线中间不得有接头并绝缘良好。

（6）塔（罐、仓、斗等）内部脚手架必须为钢质，所搭设的满膛脚手架应设双爬梯，以便于在紧急情况时撤离。

（7）塔（罐、仓、斗等）内动火时，动火作业地点下方及四周应无易燃物品，并设置石棉布等阻燃材料，以防火花溅落。工作地点应备有完好可用的消防器材和消防水，取用安全便捷，消防水压力、流量满足要求。动火作业间断或终结后，现场无残留火种，如

图9-127所示。

图9-126 人孔门处悬挂标志牌

图9-127 动火终结后清理残留火种

（8）塔（罐、仓、斗等）衬胶防腐作业中，区域内应无明火，并保持良好通风。

# 第十二节 腐蚀性作业安全防护

腐蚀性作业是指生产或使用腐蚀性物质的作业。由于腐蚀性物质作用于皮肤、眼睛或进入呼吸系统、食道会引起表皮组织破坏，造成化学灼伤，所以，工作人员必须做好必要的个体安全防护后，方可从事作业。常见的腐蚀性物质有硫酸、盐酸、硝酸、氢氟酸、强碱、液氨等。

## 一、酸碱罐作业安全防护

（1）酸、碱罐已停用、消压、排空，进、出口阀门已可靠关闭并上锁，阀门上设置"禁止操作 有人工作"警示牌。人孔门处设置"未经许可 不得入内"警示牌。

（2）所有人孔门和底部排污门已打开，酸雾已消散，罐内残余酸、碱液已用大量的清水冲洗干净，无酸、碱残留物（经试纸检测pH值为中性，pH=6～8）。内部易燃易爆及有毒有害气体的含量不得超过规定值。

（3）酸碱储存区域的安全淋浴器和洗眼器等应急设施应可靠有效，如图9-128所示。

（4）作业区域应急清洗清水和碳酸氢钠、稀硼酸等中和用溶液已备齐。

（5）使用电火花检测仪检查内衬前，设备内衬层表面无水分，并保持干燥。电火花检测仪放置在罐的外部。

（6）在罐内外进行动火作业前，罐内外氢气含量必须使用测氢仪检测不大于0.4%，以防止氢爆。

（7）罐内防腐作业时，现场必须无火种和动火作业，罐内保持良好通风，现场灭火器配置充足。

图9-128 安全淋浴器和洗眼器

二、储氨罐作业安全防护

（1）储氨区必须配备风向标、氨气泄漏报警仪。氨水、氨气等有毒物品的管道、容器上应有"当心中毒"警告标志牌，如图9-129所示。

（2）作业区域氨气含量不得超过规定值，如氨气超标，固定式报警仪应立即报警（报警仪采用隔爆型），如图9-130所示。

图9-129　储氨区风向标

图9-130　储氨区泄漏报警仪

（3）储氨罐进、出口阀门已可靠关闭并上锁，必要时加装堵板，阀门上设置"禁止操作 有人工作"警示牌。

（4）储氨罐内部已用大量的清水冲洗干净，产生废水应收集在专用废水池内，氨气含量不得超过规定值。

# 第十三节　土石方作业安全防护

土石方作业是指人工或用机械设备开挖基坑（槽）及回填土方的过程。基坑支护是指为保证地下结构施工及基坑周边环境的安全，对基坑侧壁及周边环境采用的支撑、加固与保护的措施。其作业安全防护如下：

（1）开挖地点临近位置无水坑，斜坡上无浮石或单块大石头，如图9-131所示。

（2）开挖作业应降（排）水，如图9-132所示。以防地表（下）水、施工用水和生活废水侵入或冲刷边坡。

（3）基坑（槽）周边应做挡水堰和排水沟，防止地面水流入坑沟内，如图9-133所示。

（4）在接近地下电缆、管道及埋设物的地方施工时，应采取隔离防护措施。

（5）开挖坑（槽）沟深度1.5m时，必须设有固壁支撑或支护结构体系，边壁土质稳固，无裂缝、疏松或支撑走动现象，如图9-134所示。

（6）开挖坑（槽）沟的深度超过2m时，周边必须设置防护栏杆，夜间应设有红色警示灯，如图9-135所示。

图9-131　斜坡上无浮石或单块大石头

图9-132　开挖作业应降（排）水

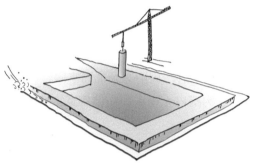

图9-133　基坑（槽）周边应做挡水堰和排水沟

图9-134　开挖坑（槽）沟的固壁支护

（7）基坑、井坑、地槽边缘堆置土方或其他材料时，其土方底角与坑边距离不少于0.8m，堆置土方等物的高度不准超过1.5m，如图9-136所示。

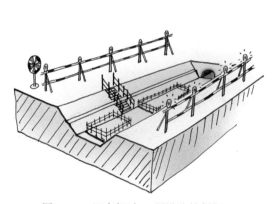

图9-135　深度超过2m须设防护栏杆

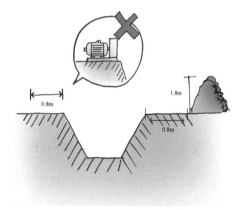

图9-136　堆置土方的距离和高度

（8）基坑必须设置人行通道（坡道）或铺设带防滑条的跳板。对于窄狭坑道应设置爬梯，梯阶距离不应大于40cm。上下的扶梯或坡道设置完整、牢固，并有安全标识，如图9-137所示。

（9）为防止损伤运行的电缆、光缆或其他地下管线设施，在施工范围内禁止使用大型机械开挖深槽，应采取人工开挖方式，探清管线数量及线路走向。挖掘出的电缆或接头盒，如下面需要挖空时，必须时将其悬吊保护，悬吊点间隔应为1.0～1.5m，并采取措施防止电缆损伤，如图9-138所示。

图9-137 基坑设置人行通道（坡道）　　　　图9-138 开挖深槽前须探清地下管线

（10）在铁塔、电杆、地下埋设物及铁道附近进行挖土时，周围必须加固牢固。

（11）雨雪天气，土壤无滑动、裂缝现象，基坑、沟槽内无积水，局部放宽土坡边坡或加固边坡稳定，坡顶附近无人员和车辆，如图9-139所示。

图9-139 坡顶附近无人员和车辆

（12）临时物料提升机的基础稳定，附墙架、缆风绳及地锚等符合安全防护，安全防护装置、额定起重量、最大提升速度、最大架设高度等已检验合格。